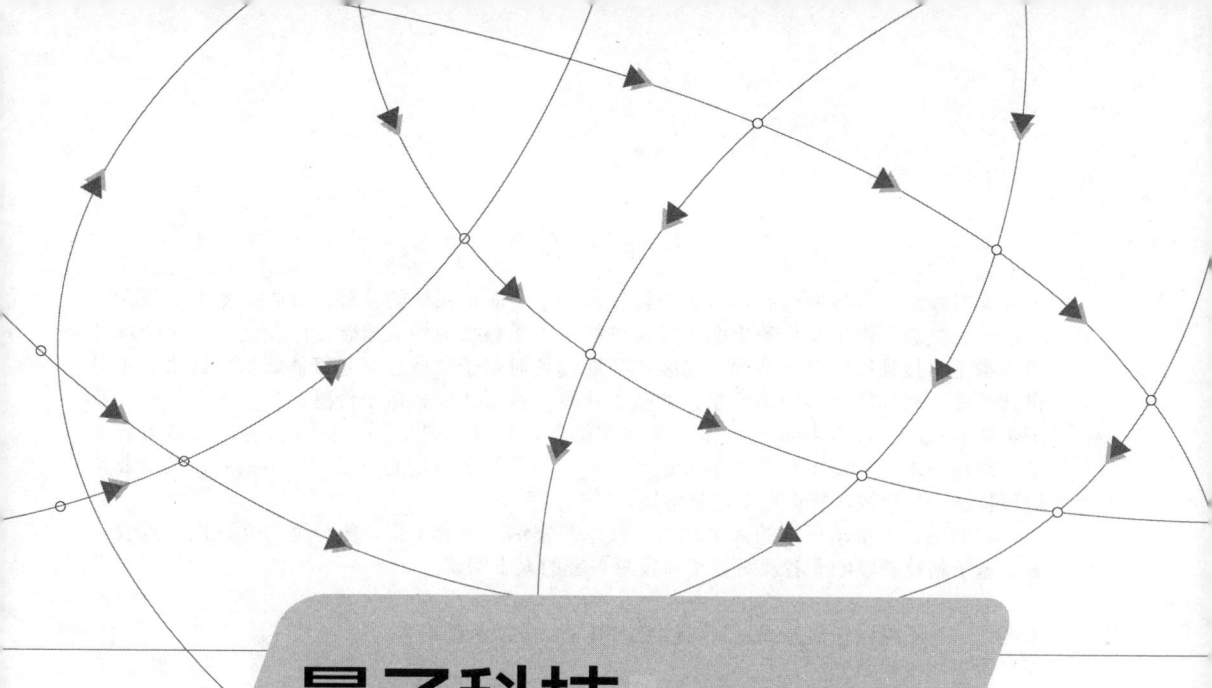

量子科技
技术变革与产业赋能

李海豹 ◎ 著

电子工业出版社
Publishing House of Electronics Industry
北京·BEIJING

内 容 简 介

本书以量子科技为核心，对量子科技进行了全面、系统的讲解。首先，本书从概念认知、产业生态、纵览全局等方面出发，讲解了量子科技的相关概念、产业链，以及全球视角下量子科技领域的竞争格局。这能够帮助读者对量子科技建立起整体认知。其次，本书讲解了量子科技的诸多应用场景，如量子计算、量子通信、量子传感、量子人工智能、量子金融科技、量子生物医药、量子教育培训等，以展现其应用价值及给各领域带来的变革。最后，本书对量子科技的未来进行展望。随着量子科技的发展与应用拓展，其商业化进程将进一步加快，将在更多场景落地。

本书融合了量子科技的诸多理论、技术与案例，内容丰富，十分适合互联网企业管理者、量子科技领域创业者及对量子科技感兴趣的人士阅读。

未经许可，不得以任何方式复制或抄袭本书之部分或全部内容。
版权所有，侵权必究。

图书在版编目（CIP）数据

量子科技 ：技术变革与产业赋能 / 李海豹著.
北京 ：电子工业出版社, 2025. 6. -- ISBN 978-7-121-50446-4
Ⅰ. O413
中国国家版本馆 CIP 数据核字第 20250R8X94 号

责任编辑：刘志红（lzhmails@163.com）
印　　刷：三河市鑫金马印装有限公司
装　　订：三河市鑫金马印装有限公司
出版发行：电子工业出版社
　　　　　北京市海淀区万寿路 173 信箱　邮编　100036
开　　本：720×1 000　1/16　印张：13.75　字数：220 千字
版　　次：2025 年 6 月第 1 版
印　　次：2025 年 6 月第 1 次印刷
定　　价：89.80 元

凡所购买电子工业出版社图书有缺损问题，请向购买书店调换。若书店售缺，请与本社发行部联系，联系及邮购电话：(010) 88254888，88258888。
质量投诉发邮件至 zlts@phei.com.cn，盗版侵权举报请发邮件至 dbqq@phei.com.cn。
本书咨询联系方式：18614084788，lzhmails@163.com。

PREFACE 前言

当前,全球科技创新日益活跃,新一轮科技变革与产业变革深刻影响着企业发展。在当前的科技变革潮流中,以量子科技、人工智能、物联网等为代表的新兴技术加速突破与应用。量子科技已经成为科技创新的前沿阵地,将深刻影响未来的经济发展。

量子力学的出现和发展对人类社会产生了重大影响,不仅改变了人们对世界的认知,也深刻影响了人们的生活。从半导体到微电子学,从激光到超导超流,量子力学对各领域的发展产生了深远影响。

以互联网为代表的信息技术深刻改变了人们的生活。量子力学在数据计算、加密、传输等领域的落地应用,能够完成一些传统信息技术难以完成的任务,推动信息技术的发展。

在量子科技领域,我国取得了不少突出成就。例如,在量子通信方面,我国发射了全球第一颗量子通信卫星"墨子号"、开通了世界首条量子保密通信干线"京沪干线";在量子计算方面,我国成功打造了光量子计算原型机"九章三号",刷新了量子计算优越性的世界纪录。

量子科技引发的技术革命引起了互联网、金融、医疗等领域的关注。资本的入局、企业的探索，以及相关应用的落地，激发了人们对量子科技的畅想，也使得量子科技成为一个新风口。很多互联网企业想要探索量子科技，也有很多读者对量子科技产生好奇。本书聚焦于量子科技，对其进行全面且详细的讲解。

本书不仅对量子科技的概念、产业生态、全球竞争态势等进行讲解，还从量子计算、量子通信、量子传感、量子人工智能、量子金融科技等主要应用场景入手，对量子科技的发展、带来的技术变革及其对各产业的赋能进行详细解析。除了系统地讲述量子科技的理论知识及技术框架，本书还融入了华为、中电信量子集团、IBM等诸多企业的案例，内容丰富，兼具可读性和指导性。

量子科技的发展将变革产业发展范式、产品创新路径，带来新的发展机遇。通过阅读本书，企业管理者能够更加全面地了解量子科技，并结合量子科技的发展趋势、自身业务等，探索新的发展机遇，带领企业实现更好的发展。

CONTENTS 目录

第1章 概念认知：从量子论到量子光学 ··· 1

  1.1 量子论：物理学的支柱理论 ··· 3
      1.1.1 量子的概念 ·· 3
      1.1.2 量子论的建立与发展 ·· 4
  1.2 量子力学：深化发展的物理学理论 ··· 5
      1.2.1 量子力学的发展 ·· 6
      1.2.2 量子力学基本原理 ·· 8
      1.2.3 量子力学与信息科学融合催生量子信息 ·· 9
  1.3 量子光学：量子力学的重要分支 ··· 11
      1.3.1 量子光学：用量子力学描述光子的行为 ·· 11
      1.3.2 量子光学的发展趋势 ·· 12
      1.3.3 量子光学助力激光雷达突破 ·· 13

第2章 产业生态：量子科技成为布局新赛道 ·· 15

  2.1 量子科技市场爆发，展现巨大潜力 ··· 17
      2.1.1 量子科技市场规模不断扩大 ·· 17

2.1.2 量子科技领域投融资事件频发 ·········· 18
2.1.3 量子科技走向应用,展现巨大潜力 ·········· 19
2.1.4 玻色量子:探索量子科技的深入应用 ·········· 22
2.2 产业链梳理:上中下游分工明确 ·········· 23
2.2.1 上游:提供元器件与核心设备 ·········· 24
2.2.2 中游:提供硬件与软件支持 ·········· 25
2.2.3 下游:面向不同领域推出多样产品 ·········· 27
2.3 企业布局:量子科技成为企业关注新热点 ·········· 30
2.3.1 三大运营商加快布局量子通信领域 ·········· 30
2.3.2 国盾量子携手钉钉,开发量子安全产品 ·········· 32
2.3.3 华为:量子芯片+量子计算平台 ·········· 33
2.4 市场前景:机遇与挑战并存 ·········· 35
2.4.1 巨大机遇:量子科技发展步入快车道 ·········· 35
2.4.2 现存挑战:多重挑战不容忽视 ·········· 36

第3章 纵览全局:量子科技的全球竞争 ·········· 39

3.1 大国博弈:量子科技成为多国布局新方向 ·········· 41
3.1.1 美国:加强立法与区域科技中心建立 ·········· 41
3.1.2 德国:提出量子技术行动计划 ·········· 43
3.1.3 英国:提出量子战略,制订行动计划 ·········· 45
3.1.4 中国:加强量子科技前瞻布局 ·········· 47
3.2 核心措施:多方面打造量子科技优势 ·········· 50
3.2.1 聚焦底层量子芯片技术研发 ·········· 50

目 录

  3.2.2　推进基础设施建设，打造量子通信网络 ········· 52
  3.2.3　加强产业人才培养，构建人才生态 ············· 53
 3.3　未来趋势：竞争中的合作成为潮流 ················· 55
  3.3.1　量子科技领域国际合作四大优势 ··············· 56
  3.3.2　国际机构 OQI 量子研究所启动 ················ 58

第 4 章　量子计算：新计算模式带来强大的计算能力 ········ 59

 4.1　量子计算与量子算法 ··························· 61
  4.1.1　量子计算的核心优势 ······················· 61
  4.1.2　量子算法应运而生 ························· 63
 4.2　量子计算三大发展态势 ·························· 64
  4.2.1　量子计算产业生态崛起 ····················· 64
  4.2.2　技术创新下，创新成果不断增加 ··············· 66
  4.2.3　产学研融合，各方合作成为趋势 ··············· 68
 4.3　量子计算前沿应用 ····························· 69
  4.3.1　量子计算+密码学：实现更安全的信息传输 ······· 70
  4.3.2　量子计算+人工智能：为机器学习和数据分析提速 ·· 71
  4.3.3　九章三号：我国量子计算原型机再破纪录 ········ 73

第 5 章　量子通信：隐秘传输保证传输安全 ················ 75

 5.1　量子通信的基本原理与优势 ······················ 77
  5.1.1　基本原理：量子纠缠+不确定性 ················ 77
  5.1.2　核心优势：安全+快速传输+抗干扰 ············· 78

VII

5.2 两大技术路径 ·· 80
    5.2.1 量子密钥分发：实现加密通信 ······················ 80
    5.2.2 量子隐形传态：保证绝对安全 ······················ 83
5.3 量子通信的多重应用场景 ·································· 84
    5.3.1 金融领域：实现高安全性金融交易 ·················· 84
    5.3.2 医疗领域：保护患者隐私与医疗数据 ················ 86
    5.3.3 电网领域：提升电网安全性与智能性 ················ 87
    5.3.4 量子安全新应用：量子通信定制版手机 ·············· 89

第6章 量子传感：为探索微观世界提供工具 ················· 93

6.1 量子传感的原理与优势 ···································· 95
    6.1.1 运作原理：通过量子效应实现高精度测量 ············ 95
    6.1.2 三大优势：高精度+高灵敏度+安全性 ················ 97
6.2 四大场景，实现精密传感 ·································· 99
    6.2.1 精密测量：实现时间、磁场多领域的测量 ············ 99
    6.2.2 精密定位与导航：提高定位与导航的精度 ··········· 101
    6.2.3 生物医学检测：提高检测诊断准确率 ··············· 102
    6.2.4 环境监测：对环境气体、变化进行监测 ············· 104
6.3 量子传感探索加深，突破性应用显现 ······················· 106
    6.3.1 量子精密测量技术覆盖多领域 ····················· 106
    6.3.2 3D量子传感器实现导航突破 ······················· 108
    6.3.3 博世：成立初创公司，推进量子传感器商业化 ······· 109

目 录

第 7 章 量子人工智能：增强应用智能能力 ……………………………… 113

7.1 量子技术加速人工智能发展 …………………………………………… 115
- 7.1.1 为人工智能提供强大算力，优化方案 ………………………… 115
- 7.1.2 实现机器学习算法优化 ………………………………………… 117
- 7.1.3 改进数据挖掘与分析 …………………………………………… 119

7.2 量子计算融合人工智能，更新智能应用 ……………………………… 120
- 7.2.1 更新智能交通系统，实现环保与高效运作 …………………… 120
- 7.2.2 更新智能监控系统，实现智能防护 …………………………… 122
- 7.2.3 更新智能交互系统，提升机器人的交互性 …………………… 123
- 7.2.4 更新智能家居系统，提供安全高效的解决方案 ……………… 125

7.3 产业化应用显现，未来可期 …………………………………………… 126
- 7.3.1 百度：发布量子领域大模型及量子助手 ……………………… 126
- 7.3.2 中电信量子集团：智慧法务量子视讯平台 …………………… 128
- 7.3.3 国盛量子：推出量子传感系列产品 …………………………… 129
- 7.3.4 本源量子携手云从科技探索行业新应用 ……………………… 130

第 8 章 量子金融科技：加速金融快速稳健发展 ………………………… 133

8.1 量子科技与金融领域的结合成为趋势 ………………………………… 135
- 8.1.1 各大金融机构参加量子金融竞赛 ……………………………… 135
- 8.1.2 成立联盟：金融机构加入量子联盟 …………………………… 137

8.2 量子科技多重赋能金融业务 …………………………………………… 139
- 8.2.1 量子计算优化金融交易策略 …………………………………… 139

  8.2.2　精准评估，实现投资组合优化 ·················· 141
  8.2.3　赋能金融机构智能风控 ·························· 142
  8.2.4　实现金融市场预测与模拟 ······················ 144
 8.3　多方入局，探索量子金融应用路径 ························ 145
  8.3.1　图灵量子：发布两大应用模块 ················ 146
  8.3.2　华夏银行：将量子通信应用于金融领域 ···· 147
  8.3.3　平安银行：以量子金融算法防范金融风险 ···· 148
  8.3.4　建信金科：以量子科技赋能金融计算与安全 ···· 150
  8.3.5　龙盈智达：量子 AI 模型助力银行智能决策 ···· 151

第 9 章　量子生物医药：为医学研究提供新方法 ············· 153

 9.1　量子力学提供生物医药探索新视角 ························ 155
  9.1.1　量子力学带来 DNA 研究新视角 ·············· 155
  9.1.2　基于量子力学的光磁成像光谱学 ············ 156
  9.1.3　生物量子纠缠的探索 ······························ 157
  9.1.4　人类思维信息量子隐形传态取得突破 ······ 159
 9.2　量子科技在生物医药中的三大应用 ························ 163
  9.2.1　量子计算加速药物研发 ·························· 163
  9.2.2　量子通信赋能医疗数据传输 ···················· 165
  9.2.3　量子传感助力医学研究与医学影像 ·········· 167
 9.3　企业探索驱动生物医药产业发展 ···························· 170
  9.3.1　腾讯：打造超大耐药性数据库 ················ 170
  9.3.2　IBM：基于量子计算进行医疗研究 ·········· 171

第10章 量子教育培训：推动教育智慧化变革 …… 173

10.1 量子科技对教育领域的三大影响 …… 175
- 10.1.1 提供全新工具，变革教学方式与方法 …… 175
- 10.1.2 加速教育资源共享的步伐 …… 177
- 10.1.3 为普惠教育和个性化教育带来机遇 …… 178

10.2 量子教育培训应用方向解析 …… 179
- 10.2.1 保证数据安全传输，助力远程教育与在线学习 …… 180
- 10.2.2 量子推理实现科学教学评估 …… 181

10.3 产业化发展路径 …… 182
- 10.3.1 校企合作：教育机构加强与技术企业的合作 …… 182
- 10.3.2 培训推广：教育机构加强技术培训，提升认知 …… 184
- 10.3.3 开发产品：推出量子科技教育产品 …… 185
- 10.3.4 量旋科技：助力学校打造量子课程体系 …… 188

第11章 未来展望：技术发展推进商业化落地 …… 191

11.1 量子科技与先进技术的融合加速 …… 193
- 11.1.1 量子机器学习展现潜力 …… 193
- 11.1.2 "量子+云计算"应用走向开放 …… 196
- 11.1.3 融合物联网，提升物联网性能 …… 198

11.2 行业应用拓展，覆盖更多领域 …… 200
- 11.2.1 量子科技+智能制造：更新生产与服务系统 …… 200
- 11.2.2 量子科技+城市交通：提升交通治理科学性 …… 202

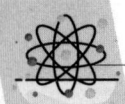

11.2.3　量子科技+智能家居：打造智能、安全的系统……204

11.3　商业化落地进一步推进……205

11.3.1　探索加深，量子科技商业应用不断推进……205

11.3.2　超导量子芯片发布，商业化进程加速……207

11.3.3　宝马集团：将量子计算融入汽车制造……207

第 1 章
概念认知：从量子论到量子光学

近年来，量子科技迅速发展，为通信、导航、计算等领域的发展带来新的机遇。同时，量子科技也受到越来越多的关注。要想了解量子科技，我们首先要了解量子的概念，以及量子论、量子力学、量子光学等理论知识。

1.1 量子论：物理学的支柱理论

量子论是一种描述微观世界中物质和能量行为、展现微观世界发展规律的理论，是现代物理学的基础理论。从量子的概念出发，我们能够更好地理解量子论，了解其建立与发展的历程。

1.1.1 量子的概念

量子是物理学中的重要概念，19世纪后期，一些物理学家在研究黑体辐射问题时，发现一些物理现象无法用经典力学理论解释。为了解决这一问题，量子的概念应运而生。

量子的概念由德国物理学家马克斯·普朗克提出。在量子的概念被提出之前，经典力学是解释物理现象的主要理论，即认为时间、空间、能量等是连续不断的，可以被无限分割。但马克斯·普朗克发现，黑体辐射的不连续性无法通过经典力学理论解释，于是在研究中引入能量量子。1900年12月，马克斯·普朗克在物理学会上作了《论正常光谱中的能量分布》的报告。他在报告中指出，物质辐射的能量不是连续的，而是一份一份地进行的，只能取最小数值的整数倍。这个最小数值就是量子。

量子不是实物，只是一种概念，用来表示某物质的最小单元。如果一个物质存在最小的单位，它就是量子化的，其最小单位被称为量子。

量子和构成物质的粒子是分属于不同范畴的概念。从物质构成角度来看，分子、原子等都是构成物质的粒子；从能量传播角度来看，量子是能量传播中能量辐射与吸收的最小单元。在实验中，量子可以表现为分子、光子等多种形态。

总之，量子是一个代表某物质最小单位的概念，在实际应用中可以对应原子、分子、光子等不同的粒子。例如，光由许多光子组成，而光子就是光的量子。量子概念的提出改变了人们认识物质与自然界的方式，为量子论的诞生与发展奠定了基础。

1.1.2 量子论的建立与发展

量子论的出现是物理学的一个里程碑，自此，人们对自然界的认知从宏观转向微观。量子概念的提出者马克斯·普朗克是量子论的奠基者。一方面，他提出了辐射的能量是不连续的，颠覆了当时的经典力学理论。另一方面，他提出了量子的概念，奠定了量子论的核心基础。

量子论的出现为20世纪初期的物理学革命奠定了基石。在这次革命中，阿尔伯特·爱因斯坦提出光量子概念与光电效应理论，推动了量子力学的诞生。同时，量子论的出现也推动了社会的发展，它不仅加深了人们对自然界的认知，也推动了科技的发展，为物理、化学等学科的发展奠定了理论基础。

继马克斯·普朗克之后，其他物理学家的探索推动了量子论的发展。阿尔伯特·爱因斯坦最早意识到量子概念具有普遍意义，面对光电效应实验与经典力学的矛盾，他提出了光量子概念，并用其解释光电效应中出现的新现象，推动了量子论的发展，同时证明了马克斯·普朗克提出的能量不连续观点的正确性。

此后，尼尔斯·玻尔、路易·维克多·德布罗意、埃尔温·薛定谔、沃纳·海森堡等物理学家也为量子论的发展作出了重要贡献。

尼尔斯·玻尔基于量子化概念提出了关于原子结构的玻尔理论，对氢光谱作出解释，进一步论证了量子论。路易·维克多·德布罗意基于量子论提出了物质波假说，埃尔温·薛定谔在此基础上确立了电子波动方程。沃纳·海森堡提出了解决量子波动理论的矩阵方法。

物理学家马克斯·玻恩与帕斯夸尔·约旦合作，基于沃纳·海森堡的矩阵方法推出了系统的矩阵力学理论，将量子论的发展推到新的高度。

为了解决量子论发展中的难题，这些物理学家进行了诸多开创性探索，提出了许多量子论领域的细分理论，推动了量子论的完善。在此基础上，量子论不断发展，最终催生了量子力学。

1.2 量子力学：深化发展的物理学理论

20世纪初期，随着众多物理学家的探索不断深入，量子力学逐渐建立。这一理论打破了经典力学的限制，揭示了一个全新的微观世界。本节对量子力学的发展、基本原理、与信息科学的融合催生量子信息进行讲解。

1.2.1 量子力学的发展

量子力学是由众多物理学家共同创立的,其发展过程大致可以分为以下几个阶段,如图1-1所示。

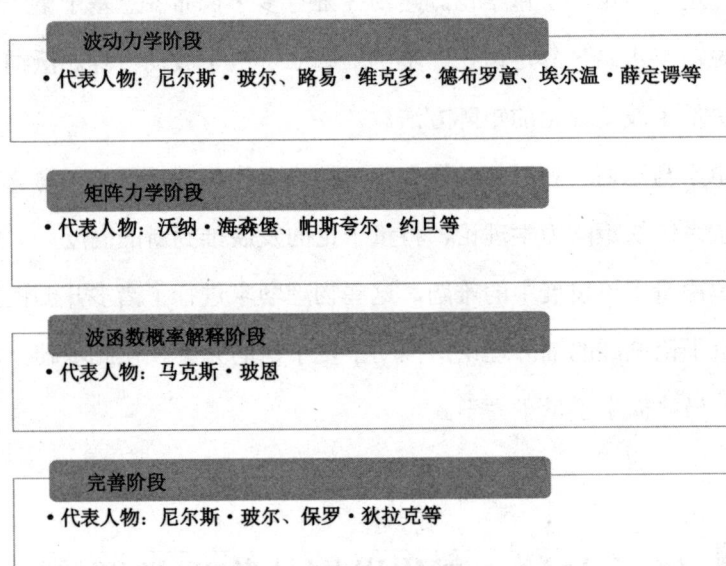

图1-1 量子力学的发展阶段

1. 波动力学阶段

1913年,尼尔斯·玻尔提出了量子化假设,指出能量是量子化的,能量只能存在于不连续的能量量子中。这一假设打破了经典力学理论中能量连续性的假设,奠定了量子力学发展的基石。

1924年,路易·维克多·德布罗意提出了波粒二象性假说,即物质既具有粒子的性质，又具有波动的性质。这一假说对一些微观领域的物理现象进行了解释，成为量子力学发展的基础。在此基础上，马克斯·玻恩与沃纳·海森堡等物理学家创立了相应的波动力学，对氢原子光谱的结构进行了解释。

1926年，埃尔温·薛定谔提出了一个波动方程，该方程可描述微观粒子的运动，帮助科学家了解微观系统的性质。该方程在解决氢原子问题方面取得了成功。

2. 矩阵力学阶段

1925年，沃纳·海森堡、帕斯夸尔·约旦等人提出了矩阵力学。这体现了量子力学的另一种基本形式，即不使用连续函数，而用矩阵来表示粒子的物理性质。同时，其提出了不确定性理论，即无法同时确定同一粒子的位置与动量。这引发了物理学思想的变革，推动了量子力学的发展。

3. 波函数概率解释阶段

1926年，马克斯·玻恩提出了波函数的概率解释，指出可以用波函数来描述粒子在空间中的分布情况，并对其进行论证。此后，这一理论在物理学、化学领域得到了验证，证实了这一理论的有效性。波函数为人们研究微观世界提供了新的理论与工具，推动了量子力学的进一步发展。

4. 完善阶段

1927年，尼尔斯·玻尔基于实验事实和对量子力学的研究，提出了互补原理，以进一步解释量子力学。这一理论描述了量子系统中相互排斥的实验观测结果。根据这一理论，对量子系统的每一次观测会使得该系统处于特定状态，其他状态则不可监测,即每一次观测都只能获得量子系统某一方面的信息,而不能同时获得全部信息。

1928年,物理学家保罗·狄拉克将相对论和量子力学相结合,提出了相对论性量子力学,并提出了电子运动的相对论性力学方程,即狄拉克方程。这一方程可以自动导出电子的诸多性质。以往,电子的性质都是从实验结果中总结出来的,没有理论依据,而狄拉克方程能够自动导出电子性质,为电子运动提供理论支撑。

经过不断发展,量子力学理论体系不断完善,并出现了一些新的实践方法,但仍存在诸多未被探知的领域。量子力学的发展是一个长期的过程,未来,随着现代物理学家的探索,量子力学将持续深化发展。

1.2.2 量子力学基本原理

量子力学的基本原理构成了量子力学的核心,包括以下三个方面,如图1-2所示。

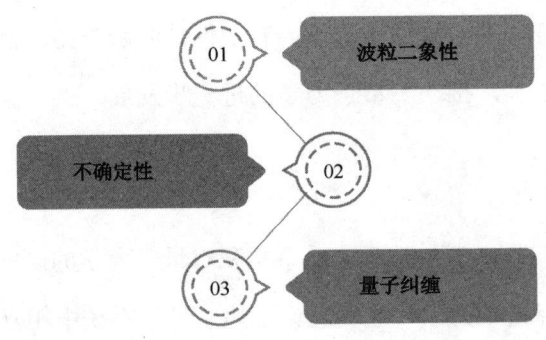

图1-2 量子力学的基本原理

1. 波粒二象性

波粒二象性指的是物质同时具有波动性质与粒子性质。例如，电子可以同时表现出波动性质与粒子性质。在实验中，电子在通过双缝时会形成干涉条纹，表现出波动性质。在进行电子观测时，其又会表现出粒子性质，因为人们只能观测到离散的电子，而不是连续的波。

2. 不确定性

不确定性指的是无法同时精准测量粒子的位置和动量。这表明量子力学中的测量是有局限的，无法完全确定一个量子系统的状态。在研究量子力学时，物理学家也需要接受一定程度的不确定性。

3. 量子纠缠

量子纠缠指的是当两个或多个粒子之间存在某种相互作用或来源相同时，它们处于相互纠缠的状态，而不是各自独立的。当粒子之间处于纠缠状态时，其中一个粒子的变化会引发其他粒子的变化。这一基本原理为量子计算与量子通信奠定了基础，可以在保证安全的同时，实现高效的计算与通信。

量子力学的上述基本原理为人们理解微观世界提供了重要依据。量子力学的研究与应用推动了科技的发展，对半导体材料、激光技术等的发展产生了重要影响。未来，随着量子力学的发展，其将对更多领域产生深远影响。

1.2.3 量子力学与信息科学融合催生量子信息

随着量子力学发展壮大，其涉及的信息与科学领域也不断扩大，从而催生了量子信息学科。量子信息学科是量子力学与信息科学融合，以量子力学基本原理为基础，研究信息处理的一门新兴科学。量子信息学的基本框架如图1-3所示。

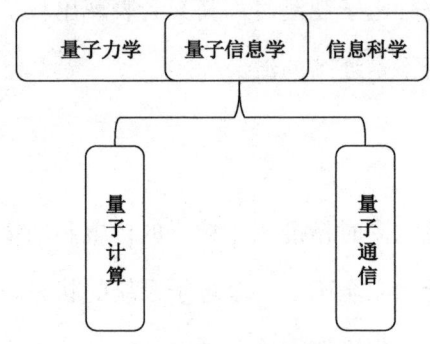

图1-3　量子信息学的基本框架

量子信息是一种全新的信息形式，不同于传统的声音、图像等信息形式。量子信息通过量子系统计算、编码、传递信息，为信息传输与处理带来了无限可能。量子计算、量子通信都属于量子信息领域。

以量子计算为例，量子计算是一种基于量子力学基本原理设计并运行的计算机系统，通过量子计算机实现。量子计算机基于量子力学中的叠加态与纠缠态进行运算，以量子比特的形式表示信息。与传统计算机中以二进制形式处理信息不同，量子比特能够同时处于0和1的叠加态，进而实现并行计算，使计算速度更快。量子计算的高速计算特性使得其吸引了科技领域与工业领域的关注。

对量子信息的研究包括对量子加密、量子密钥分发等方面的探索，以及利用量子力学基本原理进行信息传输的其他应用研究。随着量子信息研究的深入，一些实际应用将成为可能。例如，量子计算的出现能够推动量子计算机逐步取代传

第1章 概念认知：从量子论到量子光学

统计算机，提供更高效的信息处理能力，在工业、科研等领域实现应用。同时，量子信息也能够实现更加安全的信息传输，可应用于金融、电子商务等领域。

量子信息处于不断发展中，随着技术的升级与突破，量子信息将成为推动信息、通信等技术发展的新动能。

1.3 量子光学：量子力学的重要分支

量子光学是量子力学的一个重要分支，聚焦光与物质之间的相互作用，核心是通过量子力学描述光子的行为。随着量子光学的发展，其在许多领域实现了应用。

1.3.1 量子光学：用量子力学描述光子的行为

量子光学是量子力学与光学相结合而产生的一门科学，主要的研究内容包括光的微粒性质、光与物质相互作用的量子特性，以及光产生与传播过程中的量子效应等。

在量子光学中，光是由离散的光子构成的，而不是连续性的波动。这赋予了光量子化的特性。量子纠缠是量子光学的主要研究方向之一，通过量子纠缠，光子能够跨越空间距离，实现相互干涉。这种现象就是量子隐形传态，具有巨大的应用潜力。

量子光学的出现与发展使得许多科学现象都有了更好的解释。在光电效应

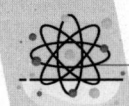

中，光照射到金属表面会释放电子，而量子光学可以描述光子与电子的相互作用，便于人们理解这一现象。在激光研究中，能量能够转化为单色光子，具有同样的频率和相位。这使得激光成为一种潜力巨大的工具，能够应用于材料结构研究、医疗、通信等方面。

在原子物理学中，量子光学能够助力原子内电子的研究。强光照射能够改变原子中电子的状态，从而改变原子性质。强光照射原子时，原子中的电子会发生变化，进而使原子产生不同的性质。这能够为识别分子中的化学键提供帮助。

总之，量子光学为人们解释各种实验现象，以及研究物质与能量的相互作用提供了新方法与新工具。未来，随着技术的发展，量子光学的应用将更加广泛。

1.3.2 量子光学的发展趋势

量子光学是量子力学的一个重要研究方向。随着技术的发展，量子光学呈现新的发展趋势，在通信、计算、光学传感、光学信息存储等领域的应用日益广泛，具有广阔的应用前景。

1. 通信领域

随着互联网的迅速发展，人们对通信带宽、通信传输速度的要求日益提高。而光子通信作为一种大容量、高速的信息传输方式，在通信领域实现了应用。量子纠缠通信、量子增强传感等通信技术都离不开量子光学技术的赋能。

2. 计算领域

在计算领域，具有并行计算能力强、信息传输速度快等特点的光子计算具有很强的应用优势。当前，光子计算机的研究已经取得诸多突破，实现了基于非线性光学效应的光量子计算、基于量子纠缠的光量子计算等，为光子计算的发展奠定了基础。未来，光子计算有望在大规模计算方面发挥重要作用。

3. 光学传感领域

环境监测、工业检测等领域的发展，使高分辨率、高灵敏传感器的需求不断增加。而光学传感技术能够借助光的特性进行高精度的测量、监测等，在传感领域具有巨大的应用潜力。量子光学的发展为光学传感的应用提供了新思路与新方法，催生了基于量子纠缠、量子干涉等的光学传感技术。

4. 光学信息存储领域

随着信息激增，传统的电子存储方式已经难以满足信息存储的需求，而光学信息存储展现了巨大的应用潜力。光学信息存储具有高密度、高速度的特点，能够为信息存储提供新方案。当前，光学信息存储领域取得了一系列突破，产生了基于光纤的光存储、基于量子态的光存储等信息存储新方式。这些成果推动了光学信息存储的发展。

量子光学相关技术正在逐步演进，产生了一系列研究成果，在多个领域展现出广阔的应用前景。随着技术的发展与研究的深入，量子光学将在未来发挥重要作用，助力社会发展。

1.3.3 量子光学助力激光雷达突破

激光雷达是一种能够探测潜在目标的先进设备，在自动驾驶、智能机器人

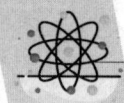

等领域得到广泛应用。其工作原理是在拟探测空间中定向发射激光信号,如果这一空间中存在潜在目标,那么激光信号就会被潜在目标漫反射回雷达基站。雷达基站能够根据激光信号的发射信号信息及接收到的反射信号信息等,确定潜在目标的位置、距离、速度、形状等。

当前,激光雷达在灵敏度、抗干扰等方面存在技术瓶颈,难以满足复杂的探测需求。而将量子光学技术与激光雷达技术相结合的量子雷达技术为激光雷达的发展提供了新思路,使激光雷达在灵敏度、定位精确度、抗干扰方面的性能大幅提升。

具体而言,量子光学技术有望在以下 3 个方面助力激光雷达实现技术突破。

一是将光学干涉增强、超导材料相变机制等用于光电检测技术中,实现更高水平的光信号探测,提高激光雷达的灵敏度,延长激光雷达的探测距离。

二是将检测光量子态扰动的方法引入激光雷达,使激光雷达能够识别出探测目标对雷达信号的扰动,破解激光雷达以往存在的安全漏洞,提高激光雷达的抗电磁干扰能力、安全性与稳定性。

三是将量子光学中的量子纠缠、量子干涉等引入激光雷达,将具有量子关联和纠缠特性的光子对作为激光雷达的照明光源。这能够提升激光雷达对隐身目标的探测能力,提升激光雷达空间定位的精准性。

总之,量子光学能够从多方面助力激光雷达实现技术突破。当前,这一领域的研究持续深入,随着越来越多研究成果的出现,激光雷达技术将实现进一步发展。

第 2 章
产业生态：量子科技成为布局新赛道

近年来，随着量子科技的发展，量子计算、量子通信等新兴领域出现，并迅速发展。在相关领域蓬勃发展的背景下，量子产业逐渐形成，备受关注。如今，量子产业已成为驱动社会经济发展的新动能，拥有巨大的发展潜力。各路资本、各大企业等纷纷布局、投资，积极推进相关项目落地及相关技术的研发进程，进一步推动量子产业繁荣发展。

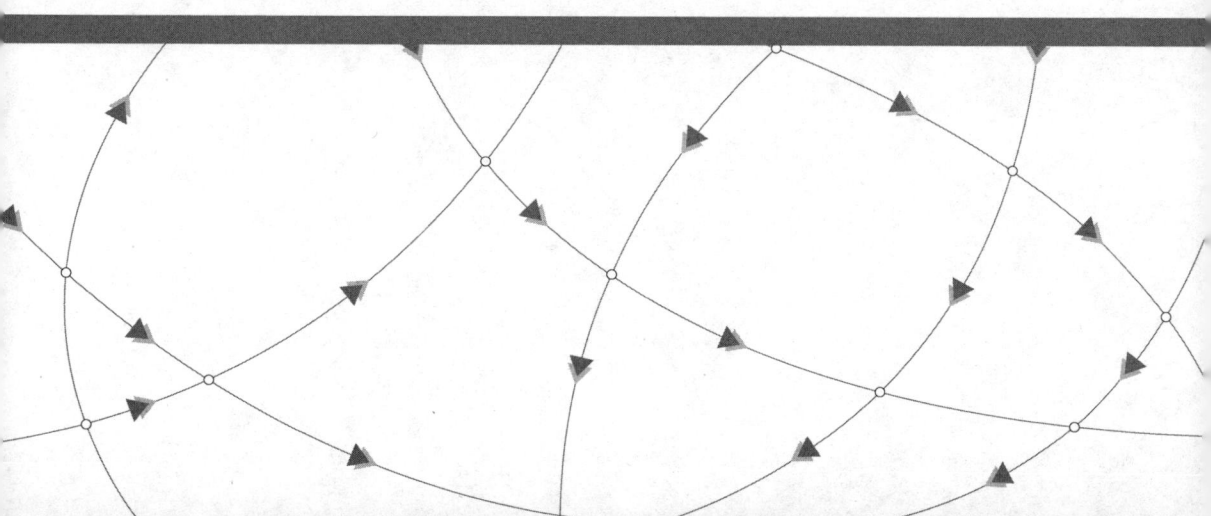

第 2 章 产业生态：量子科技成为布局新赛道

2.1 量子科技市场爆发，展现巨大潜力

量子科技迅猛发展，其市场规模不断扩大，与之相关的投融资事件、科技应用等层出不穷。这助推了量子科技市场的升温与繁荣。

2.1.1 量子科技市场规模不断扩大

很多科技企业积极在量子计算、量子通信、量子测量等量子科技主要细分赛道布局，推动量子科技市场规模不断扩大。

2022 年 9 月，2022 量子产业大会在合肥成功举办，会上发布了《2022 量子科技产业报告》。该报告显示，在量子产业中，量子通信企业占比最多，为 42%；量子计算企业占比为 31%；量子精密测量企业占比为 18%。此外，一些新的量子产业方向，如量子化学方向，也聚集着一些量子科技企业。

中研普华产业院发布的《2024—2028 年中国量子科技行业发展预测与投资战略分析报告》显示，预计到 2029 年，量子科技行业的市场规模将达 3154 亿元。

当前，量子科技已经逐渐从理论走向应用，其产业化价值体现在两个方面。

一方面，从短期发展来看，量子科技虽然还不能广泛应用于各种场景，但在一些特定领域的商业价值已经显现。例如，中国电信已经将量子技术应用于通信领域，推出了量子密话产品，为企业提供加密通信传输解决方案；在电力领域，国仪量子推出的量子电流互感器在电网电流检测场景中实现了应用，保障了电网的稳定运行。

另一方面，从长期发展来看，量子科技产业化发展稳步推进，将促进数字经济的发展。量子科技与人工智能、云计算等技术的结合，将形成更加强大的计算能力，赋能各行各业，助推数字经济发展。

总之，量子科技具有很大的市场潜力，在不断发展中，其将成为驱动各行业数字化、智能化发展以及数字经济增长的重要动力。

2.1.2　量子科技领域投融资事件频发

量子科技具有巨大的发展潜力，受到了资本的广泛关注，催生了多起投融资事件。尤其是近年来，量子科技领域的创新成果不断涌现，应用价值日益凸显，投融资事件不断增多。

2020 年 8 月，量子计算公司 Rigetti Computing 完成了 7900 万美元的 C 轮融资。投资方包括 Bessemer Venture Partners（贝瑟默风险投资公司）、Franklin Templeton（富兰克林邓普顿）等知名投资机构。

Rigetti Computing 是一家实力强劲的量子计算创业公司，拥有设计量子处理器的能力，开发量子计算编程工具并提供量子计算云服务。其通过收购其他量子科技公司，在量子科技软件开发、算法研发等方面实现了突破。

2021 年年初，量子通信技术服务商启科量子完成 5000 万元天使轮融资，投资方包括中关村发展前沿基金、中关村金种子基金等。

作为一家致力于研发量子信息相关技术与产品的高新技术企业，启科量子

第 2 章　产业生态：量子科技成为布局新赛道

拥有数十项核心技术专利，并推出了一些硬件产品，如量子密钥分发设备、光量子交换机等。此外，启科量子还提供政务信息安全、云数据中心信息安全等解决方案。

启科量子将此次筹集到的资金用于两个业务方向：一是新一代小型化量子通信设备的研发与量产，二是百比特离子阱量子计算机研发。

除量子科技领域的创业公司受到关注外，一些大型投资项目也不断涌现。2023 年 9 月，2023 量子产业大会顺利举办，量子科技领域知名院士、专家与企业代表共聚一堂，就量子产业协同创新、生态建设等进行探讨。

在此次大会上，中国电信携手多家企业共同启动"量子信息产业未来启航行动"，它们将在量子通信技术研发、工程建设、落地应用等方面进行合作，推进量子科技新成果研发及其在多领域的创新应用。基于政策扶持，中电信量子信息科技集团有限公司（以下简称"中电信量子集团"）将投资并打造中国电信量子科技产业化项目，投资金额超百亿元。未来，随着资金的投入和科研的持续深入，将出现更多先进的技术成果。

当前，量子产业展现出巨大的发展潜力，吸引了资本的广泛关注，催生了诸多投融资事件。而这激发了量子科技市场的活力，推动量子科技产业化发展。

2.1.3　量子科技走向应用，展现巨大潜力

当前，量子科技朝着产业化的方向不断发展，在诸多细分领域展现出巨大的应用潜力。随着越来越多的研发成果诞生，量子科技的应用路径更加清晰，展现出无限可能。量子科技主要在以下几个领域落地应用，如图 2-1 所示。

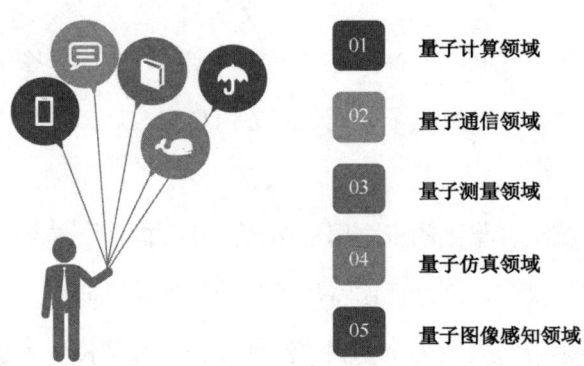

图 2-1　量子科技的应用

1. 量子计算领域

在量子计算领域,量子计算机能够提供超强算力。量子计算机能够在短时间内解决传统计算机难以解决的复杂计算问题,在因子分解、大规模搜索方面具有显著优势。同时,量子计算机能够实现并行计算,同时处理多个问题,提升计算效率。基于以上优势,量子计算机能够在问题优化、密码学等方面实现应用。

例如,在问题优化方面,量子计算机能够通过强大的算力解决复杂的组合优化问题。对于工厂生产线计划、交通路线优化等,量子计算机能够在短时间内找到最优方案。

2. 量子通信领域

传统的加密方式能够被破解或者被窃取密钥,而量子通信通过量子比特纠缠和量子态传递信息,量子态传递过程中的篡改、听取等动作能够被察觉,可以有效保证信息传递的安全性。

量子通信能够解决通信距离限制的问题。在传统光纤通信中，信号传播距离增加会导致信号衰减和通信质量下降。而基于量子纠缠特性，量子通信能够实现信号不衰减的长距离通信，提供更加可靠的通信解决方案。

量子通信能够在金融、互联网等领域实现应用。例如，在金融领域，量子通信能够更好地保护用户隐私与数据安全。在金融交易中，传统的加密方法存在被破解的风险，而量子通信能够确保信息安全传输，降低数据泄露、被盗窃的风险，保护用户的个人信息、交易信息等隐私信息。

3. 量子测量领域

在量子测量领域，量子传感器能够实现超高灵敏度的传感，对微弱的信号进行检测与测量，如对微小能量、磁场、温度等进行测量。相较于传统传感器，量子传感器能够实现更高的测量精度。

量子传感器在许多方面都有广阔的应用前景。例如，量子传感器可以在精密测量中发挥关键作用，实现更精确的时间测量、频率测量等；在环境监测中，量子传感器能够测量地球磁场变化、大气污染物浓度等；在医学领域，量子传感器能够在生物分子测量、医学诊断等场景中实现应用。

4. 量子仿真领域

量子仿真指的是通过量子计算模拟和研究分子、材料等的行为。量子仿真能够准确预测分子的结构、反应、性质等，在药物研发、能源等领域具有广阔的应用前景，能够加速药物研发进程、提升能源系统的效率。

例如，化学科研需要进行大量的分子模拟计算，如果利用传统计算方式，则需要耗费大量时间。而量子计算能够模拟分子结构与化学反应，对研究者理

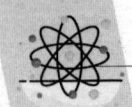

解生物化学过程、优化药物分子等具有重要意义。

5. 量子图像感知领域

在量子图像感知领域,量子图像传感器能够提高图像分辨率、纠错能力等,提供更加清晰、准确的图像。这有助于星空摄影、医学影像等方面的创新。例如,在星空摄影方面,量子图像传感器能够捕捉海量的微弱光信号,呈现更加细致、真实的夜景图像。

量子科技从理论走向应用,为解决各种复杂问题提供了新的解决方案,驱动多领域实现创新发展。未来,随着量子科技的发展,其将在实际应用中发挥更加重要的作用,驱动科学进步并改变我们的生活。

2.1.4 玻色量子:探索量子科技的深入应用

玻色量子是一家专注于量子计算的科技公司,是量子计算领域的领军企业。基于技术优势,玻色量子在量子科技应用方面进行了深入探索。

在技术方面,玻色量子打造了先进的系统架构,掌握了光纤光学系统、纠错编码计算等先进技术,并持续探索大规模光量子通用计算。在产品落地方面,玻色量子发布了自主研发的光量子计算机真机"天工量子大脑"。

"天工量子大脑"具有快速、高效的优化算法,极大地提高了计算效率。同时,其具有可编程、与人工智能(AI)高适配等特性,应用优势明显。此外,其设备体积小,短期即可实现工程化,应用更加便捷。

在应用方面,"天工量子大脑"能够在金融领域实现应用,破解金融问题。金融领域有着海量、复杂的数据,现有算力很难满足其逐渐增长的数据处理效率需求，而量子计算能够突破算力瓶颈，助力智慧金融发展。

玻色量子已通过"天工量子大脑"真机在金融领域进行了一系列探索。例如，针对股票投资组合优化问题，"天工量子大脑"真机能够对近百只股票的优化组合进行加速计算，快速完成问题求解，实现收益最大化。

玻色量子还携手光大科技、北京量子信息科学研究院共同发布了"天工经世量子计算量化策略平台"。借助玻色量子先进的光量子计算技术，该平台能够解决投资组合配比优化问题，生成最佳投资策略。

当前，玻色量子已经与平安银行达成合作，双方共同探索量子科技在金融领域的应用路径。玻色量子将基于平安银行丰富的业务场景，与平安银行联合打造金融科技行业解决方案。

作为量子科技创新的领军者，玻色量子不仅积极推进量子科技先进的技术研发，还不断探索量子科技的落地应用方案。这将为量子科技在更多领域的应用奠定坚实基础。

2.2 产业链梳理：上中下游分工明确

近年来，多地区、多企业纷纷启动量子科技战略，推动量子科技研发与全面布局。在这个过程中，量子产业链逐渐形成，产业生态初现雏形。基于各方探索及行业需求爆发，量子科技发展势头强劲。

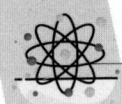

2.2.1 上游：提供元器件与核心设备

量子产业上游聚集着诸多技术厂商，它们为量子产业提供各种元器件与核心设备。量子产业上游格局如表2-1所示。

表 2-1 量子产业上游格局

量子产业上游	元器件	电子元器件：信号处理芯片、光纤光缆、传感器等	代表企业：中微半导、亨通光电、循态量子、本源量子等
		光电子器件：光电传感器、光电二极管、光电控制器等	
	核心设备	量子密钥分发设备、量子路由器、稀释制冷机等	

1. 元器件

电子元器件是电子工业的基础，包括信号处理芯片、光纤光缆、传感器等，为量子设备研发提供基础器件支撑。光电子器件是量子科技行业，尤其是量子通信行业的核心器件，包括光电传感器、光电二极管、光电控制器等，能够实现光信号发射与接收、信号处理等。

2. 核心设备

量子密钥分发设备能够解决光纤通信网络中通信双方实时获取密钥的问题，为通信双方提供安全的量子密钥。路由器是在网络中起到网关作用的设备，能够对不同网络中的数据进行存储与分发，而量子路由器除了具有传统路由器的功能外，还具有传输容量大、更加安全等特点，能够支撑量子通信的发展。

第 2 章　产业生态：量子科技成为布局新赛道

稀释制冷机是量子计算机的核心设备，能够为量子计算机提供极低温运行环境，同时满足量子计算机快速回温的需求。

量子产业上游聚集着众多技术厂商，如提供信号处理芯片的中微半导、富瀚微等；提供光纤光缆的亨通光电、长飞光纤等；提供量子密钥分发设备的循态量子；提供稀释制冷剂的本源量子等。

随着众多机构的探索更加深入，量子科技相关技术与设备不断迭代。以量子路由器为例，早在 2013 年，清华大学科研人员就研发出全球首个量子路由器；2016 年，国盾量子与中兴通讯全资子公司中兴皖通加强合作，双方共同研发出 ZXR10 量子安全加密路由器；2022 年 3 月，九州量子公布"一种单光子量子路由器"的技术专利，该项技术能够降低量子路由器的复杂性。

电子元器件与光电子器件种类繁多，技术迭代速度快，能够实现从芯片设计、器件封装到产品制造纵向整合的技术厂商具有更强的竞争力。当前，各技术厂商纷纷进行多领域布局，如光纤光缆厂商加大在光电子器件领域的投资，网络安全厂商布局量子传感器研发等。未来，各技术厂商将加速研发、投资与合作，打造更多核心技术，为量子产业的发展奠定技术基础。

2.2.2　中游：提供硬件与软件支持

量子产业中游聚集着各种科研院所、科技企业、通信运营商等，它们为量子产业提供必要的硬件设备与配套软件，为量子科技的进一步应用提供硬件与软件支持。量子产业中游格局如表 2-2 所示。

表 2-2 量子产业中游格局

量子产业中游	硬件整机及配套软件：量子计算机、超导硬件、量子编程软件、量子主机软件等	代表科研院所与企业：中科院软件所、中电信量子集团、中国移动与中国联通等运营商
	系统平台：量子计算平台、量子信息平台等	
	网络传输干线：量子通信网络	

量子产业中游的科技企业为量子计算提供超导、光量子、半导体等硬件整机，以及相关的配套软件，如量子编程软件、量子主机软件等。

2022 年 2 月，中科院软件所发布了一款量子计算编程软件——isQ-Core，并成功将其部署至超导量子硬件平台。这标志着我国量子计算软硬件取得了重大突破。

近年来，量子计算机等硬件迅速发展，其高效应用离不开配套软件的支持。isQ-Core 具有高效、易用、扩展性强等特点，能够提升量子计算的性能。未来，isQ-Core 将持续升级，功能不断完善，与量子计算硬件协同发展。

随着软硬件的发展，多样的量子计算云平台开始出现，例如，北京量子信息科学研究院携手中科院物理研究所和清华大学，推出了 Quafu 量子计算云平台；中电信量子集团发布了中国电信量子计算云平台"天衍"。量子计算云平台提供量子资源，为科研院所、高校、企业科研人员等进行量子计算研究提供助力。

除在量子计算领域深入探索、推出软硬件外，很多企业还聚焦量子通信领域，打造多样化的量子通信网络、量子通信软件系统等，为量子通信的进一步应用提供必要的基础设施。

在量子通信网络方面，京沪干线、成渝干线等量子保密通信干线已全线贯通，并逐步构建起广域量子通信网络。在量子通信软件系统方面，量子网络管理系统、量子密钥分发系统、量子密钥管理系统等层出不穷。

北京量子信息科学研究院打造出一种量子密钥分发开放式新架构，借助光频梳技术，实现615 km光纤量子通信。该架构在提高量子通信安全性的同时，能够降低系统建设成本，为量子网络的广泛建设奠定基础。

此外，中国电信、国盾量子等已经申请了量子密钥分发方面的专利，相信在不远的将来，更多的量子通信软件系统将会诞生。

2.2.3 下游：面向不同领域推出多样产品

虽然当前量子产业还处于初期阶段，但已经产生了不少下游应用。互联网头部企业、量子科技相关技术公司、通信运营商等都是其中的重要参与者。在各方的探索下，量子产业下游快速发展，产品覆盖更多领域。量子产业下游格局如表2-3所示。

表2-3 量子产业下游格局

量子产业下游	终端产品	量子安全云智能印章、3Q量子钱包等	代表企业：百度、本源量子等科技企业，中国移动、中国电信等运营商，以及办公、金融等细分领域企业
		针对特定领域的多样化量子解决方案	
	落地领域	办公、金融、政务等	

1. 办公领域

当前，量子科技已经在办公领域实现应用，并产生了多款量子产品。例如，中国电信推出量子安全移动办公平台，借助量子安全技术打造移动办公安全解决方案。该平台能够在终端接入、身份验证、数据传输等多个方面提供安全保

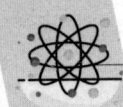

障,为邮件、通话等多种业务提供量子安全防护。

再如,云玺量子推出量子安全云智能印章及印签管控系统、自主可控量子安全云智能办公系列产品等,为办公助力。以量子安全云智能印章及印签管控系统为例,该系统能够对智能印章进行云监控、管理,实现线上申请、审批、授权和使用监控,以及智能印章安全保管与使用全流程监管。这能够避免印章管理与使用中的安全隐患,解决传统印章在使用和管理过程中存在的不可探测、不可溯源的问题,降低用章风险,提升印章管理的效率。

2. 金融领域

在金融领域,各金融机构、科技企业等不断推进量子科技与金融业务的结合,在多方面进行探索。例如,建信金科成立量子金融应用实验室,积极推进量子金融安全产品研发;携手建设银行,成立量子金融应用基地;与本源量子联合发布两大量子金融算法——量子期权定价算法、量子 VaR(Value at Risk,风险价值)值估计算法,填补了我国量子金融算法的空白。

在资产管理方面,量子科技企业芯光量子发布了数字资产管理研发创新成果——3Q 量子钱包。3Q 量子钱包采用国际认证的安全芯片,其私钥存储于安全芯片中,以密码学算法进行加密保护,安全级别更高。

3Q 量子钱包适配中国联盟链,支持存储 NFT(Non-Fungible Token,非同质化代币)资产,能够为数字资产管理提供新工具。此外,3Q 量子钱包支持 Android、iOS、Mac、Windows 等多种终端,便于用户在多种设备上管理自己的数字资产。

3. 政务领域

在政务领域，量子科技能够为政务提供安全、高防护的加密通信网络。2022年8月，基于中国电信技术支持的合肥量子城域网开通，为整个城市提供安全可靠的量子密钥分发网络。该城域网能够为市、区各机关单位提供量子安全接入、数据传输加密等服务，提升电子政务安全防护水平。该城域网能够与城市内的电子政务网、企业组网等通信网络结合，为政府机关、企业的安全通信提供支持。

一些互联网头部企业也在积极进行量子科技应用方面的探索，并取得了一些成果。以百度为例，其在2022年8月公布了全平台量子软硬一体式解决方案"量羲"。该解决方案集量子硬件、软件与应用于一体，提供移动端、PC端、云端等多种使用方式。

"量羲"提供私有化部署、云服务、硬件接入等诸多服务，简化了量子硬件部署到服务的流程。同时，其适配多种主流芯片，能够实现量子芯片即插即用。

2023年9月，基于量子平台与文心大模型的底层架构优势，百度发布了量子领域大模型，旨在加速量子技术与大模型的结合，最大化激发这两大技术的应用潜力。量子领域大模型是基于量子领域高质量数据的针对性训练而生成的大模型，能够理解量子知识、执行多种量子任务。

当前，不少互联网头部企业、量子科技企业加强合作，共同探索新应用。未来，随着各方探索进一步加深，量子应用普及度会更高，将落地更多场景。

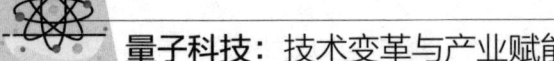

2.3 企业布局：量子科技成为企业关注新热点

当前，量子科技已成为很多企业布局新技术的焦点。中国移动、中国联通等运营商，以及量子科技相关企业、互联网头部企业等，纷纷加快在量子科技方面的探索步伐，并取得了一系列研究成果。这推动了量子产业繁荣发展。

2.3.1 三大运营商加快布局量子通信领域

中国移动、中国联通、中国电信三大运营商是布局量子科技的先行军。自量子科技爆发以来，三大运营商积极布局，推出了很多相关产品。

1. 中国移动

2022年年底，中国移动与量子科技企业本源量子达成合作。双方基于本源量子的量子通信算法，探索打破5G及6G算力瓶颈的量子算法解决方案。

2023年，中国移动进一步加深了在量子科技方面的探索。2023年8月，中国移动成立面向行业应用的量子计算实验室——中国移动量子计算应用与评测实验室，同时发布了量子计算新兴产业结果——"五岳量子计算云平台"。该平台实现了量子算力与通用算力的统一管理与调度，支持量子算法、量子模拟计算等量子应用，能够应用于生物医药、智能交通等领域，解决复杂的计算问题。

2023年12月，中国移动联合玻色量子发布了量子计算新平台"五岳量子计算云平台——恒山光量子算力平台"。该平台能够提供可便捷调用的光量子计算机算力资源,以及包含多种量子算法及应用的模拟仿真服务等,为用户提供便捷的光量子算力服务。该平台面向政府、企业及科研用户开放,用户注册并开通"五岳量子云平台"的服务后,即可访问并订购算力服务。

2. 中国联通

在量子科技领域,中国联通牵头成立了量子通信技术应用研究联合实验室,积极推进量子科技科研创新,并促进成果转化。

2023年6月,中国联通研究院发布了两项"5G+量子"融合创新的研究成果。

(1) 在5G车联网应用方面,中国联通将开发的量子5G模组搭载在5G终端上,打造信息快速传输的加密通道,结合量子密钥云平台、量子安全终端等进行量子网络组网,并进行了相应的实验验证。融入量子科技的5G车联网在加密性、低时延等方面能够满足自动驾驶的要求,为网络的安全性保驾护航。

(2) 中国联通将量子密钥云平台应用于工业场景中,打造了更加安全可靠的"TAN+量子"工业互联网解决方案。TAN即"时间明晰网络",指的是网络、设备、数据等各方面的时间明晰,能够实时、精准采集各种工业数据。这一方案能够应用于电力、能源等对网络时延要求较高的行业,提供更加可靠的工业互联网解决方案。

3. 中国电信

中国电信在量子科技领域进行了全面布局。2022年5月,中国电信发布了一款基于量子科技的VoLTE(一种面向手机和数据终端的高速无线通信标准)

加密通话产品"天翼量子高清密话"。该产品具有国产定制手机、量子安全 SIM（用户识别模块）卡、国密算法三大安全保障，为用户提供安全、便捷的通话体验。

2023 年，中国电信成立了中电信量子集团，全面发力量子科技研发与应用探索，完善量子科技产业链。在量子业务方面，中国电信在量子城域网、量子安全移动办公等方面进行探索。此外，中国电信主办了"2023 量子科技中国行"系列活动，以专家演讲、产品展示等方式展现自身在量子通信、量子计算等领域的创新成果。该系列活动在浙江、江苏等地成功举办，推动量子科技与多行业、多领域的融合。

三大运营商在量子科技研发、行业应用探索等方面动作频频，产出很多先进成果，推动量子科技进一步发展。

2.3.2　国盾量子携手钉钉，开发量子安全产品

2023 年 12 月，国盾量子与智能化协同办公应用钉钉签署战略协议，双方将携手打造量子安全应用门户系列产品及基于量子科技的信息安全解决方案。

国盾量子是业内领先的量子科技企业，在量子保密通信产品、量子计算仪器设备研发方面具有技术优势，而且拥有量子保密通信网络设计、部署等能力，可以为金融、电力等行业提供量子安全应用解决方案。而钉钉拥有海量用户和企业组织，覆盖互联网、教育、制造等诸多行业。双方联手，将发挥各自专长，提供优质的信息安全解决方案。

随着企业管理、业务数字化，线上协同办公成为一大趋势。这在给办公

第 2 章　产业生态：量子科技成为布局新赛道

带来便利的同时，也引发了信息安全问题。国盾量子在量子科技尤其是量子信息技术方面深耕多年，在量子保密通信设备制造、量子安全解决方案设计等方面具有显著优势。此次与钉钉合作，旨在探索量子安全在办公领域的落地方案。

在此次合作中，双方共同推进量子安全应用门户系列产品开发。国盾量子的量子安全技术融入钉钉，有效增强了钉钉的安全属性，为即时通信、视频会议、邮件发送等场景提供量子安全协同办公、量子安全身份管理等解决方案。此外，基于此次合作，国盾量子推出了量子安全视频会议系统、量子安全邮箱客户端等应用。

国盾量子与钉钉的合作为其他企业的实践提供了参考方案。量子科技企业与其他企业合作探索量子科技解决方案，以及量子科技在企业场景中的应用，能够为量子科技的发展与落地应用提速。

2.3.3　华为：量子芯片+量子计算平台

作为业内领先的科技头部企业，华为在量子科技方面进行了深入布局，在量子芯片、量子计算平台等方面已经取得先进成果。

1. 量子芯片

量子计算是量子科技的重要应用方向，而量子芯片具有读取、操控量子系统状态的能力，是实现量子计算的核心部件。

全球范围内的科技头部企业，如 IBM、谷歌等，都在积极研发量子芯片，力求占据先机。华为也投入了巨额资金，持续推进量子芯片研发。

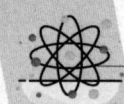

2022年11月,华为公布了一项新的技术专利"超导量子芯片"。这是一款利用超导材料打造的量子芯片,能够对多个量子比特进行并行控制,具有高度集成、高可靠性等特点,能够在低温环境中运行,提供稳定的量子计算能力。这一成果是华为在量子芯片领域的重大突破,彰显了华为在量子技术研发方面的实力。

2. 量子计算平台

在量子计算平台方面,华为发布了HiQ 3.0量子计算模拟器及开发者工具。相较于HiQ 2.0量子计算模拟器,HiQ 3.0量子计算模拟器主要在以下两个方面进行了迭代,使量子计算性能更加优越,能够适配更多场景。

一方面,HiQ 3.0量子计算模拟器解决组合优化问题的能力大幅提升,在工业领域的工艺流程优化、网络流量分配等场景中具有很大的应用价值。找出能够加速问题解决的办法,可极大地降低生产成本、提高生产效率。

工业领域存在传统计算机难以解决的多种组合优化问题,而量子计算能够提供新的算法,提高组合优化问题的求解效率。HiQ 3.0量子计算模拟器的核心模块量子组合优化求解器HiQ Optimizer能够为组合优化问题提供高效的解决方案,助推量子计算在工业领域的应用。

另一方面,HiQ 3.0量子计算模拟器的量子线路仿真能力有所提升。量子线路仿真能够为量子算法开发、优化、验证等过程提供支持,有助于量子软件开发和硬件优化,是量子计算平台的重要组成部分。HiQ 3.0量子计算模拟器的量子线路仿真能力集成在HiQ Circuit和HiQ Tensor软件包中。HiQ Circuit通过数据结构重构,为全振幅模拟和期望值的计算提速。HiQ Tensor通过张量图切割、随机搜索、高效多进程管理等手段,提升量子线路的仿真性能。

第 2 章 产业生态：量子科技成为布局新赛道

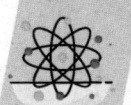

华为公布的量子芯片及量子计算平台是其长期布局量子科技研发的成果，表明了华为自主研发量子科技先进技术的决心。在自主研发的先进技术的支持下，华为将推出更多可落地的量子产品，为更多企业探索、应用量子科技提供支持。

2.4 市场前景：机遇与挑战并存

从整体来看，量子产业机遇与挑战并存。一方面，在政策支持力度加大、企业技术探索加深的趋势下，量子产业迎来巨大发展机遇。另一方面，量子产业的发展也面临诸多挑战，需要加强技术与应用探索。

2.4.1 巨大机遇：量子科技发展步入快车道

当前，量子科技领域呈现良好发展态势，展现出巨大潜力。这主要体现在以下两个方面。

一方面，政策利好加速量子产业发展。从政策方面来看，从中央到地方，出台了一系列量子科技相关利好政策。例如，2023 年 1 月，工业和信息化部、国家网信办等部门联合发布的《关于促进数据安全产业发展的指导意见》中指出要"支持后量子密码算法、密态计算等技术在数据安全产业的发展应用"；2023 年 2 月，国务院印发的《质量强国建设纲要》中表明要"突破量子化计量及扁平化量值传递关键技术，构建标准数字化平台"等。

各地政府纷纷响应政策号召，出台了相应的量子科技指导政策。例如，上海市于 2023 年 7 月发布了《立足数字经济新赛道推动数据要素产业创新发展行动方案（2023—2025 年）》，将加强量子通信关键技术应用写进行动方案；2023 年 7 月，江西省发布了《江西省数字政府建设总体方案》，指出要"推进国家广域量子保密通信骨干网络江西节点建设，分阶段建设覆盖各设区市的量子保密通信干线，提升全省政务信息化安全防护水平"。

另一方面，量子科技应用领域不断扩大，驱动量子产业发展。随着量子计算、量子通信、量子测量等技术不断发展，量子科技的应用领域不断扩大。量子科技已经在人工智能、金融、生物医药等领域实现了应用，并逐渐向电力、云服务等更多细分领域拓展。

未来，随着量子技术逐渐成熟，相关终端设备将向小型化、移动化方向发展，更多便捷的智能应用将出现，为企业与个人用户提供多样化、便捷的量子计算、量子通信等服务。量子科技应用领域的不断拓展将助推行业迅速发展，带来巨大的发展机遇。

2.4.2　现存挑战：多重挑战不容忽视

随着相关技术不断突破，我国量子科技发展已经进入快车道。但从整体来看，量子科技从实验室到商业落地仍有一段距离。量子产业生态体系尚不完善，要想实现规模化发展，还面临着多重挑战，如图 2-2 所示。

第 2 章 产业生态：量子科技成为布局新赛道

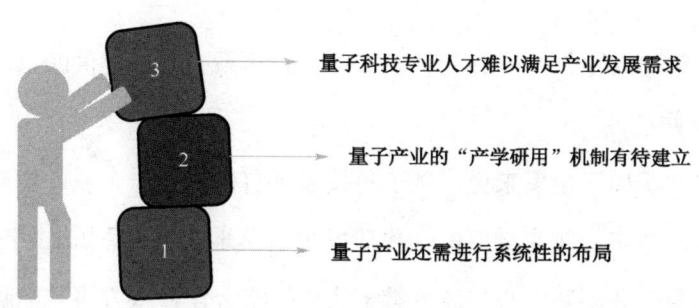

图 2-2 量子科技规模化发展的挑战

1. **量子产业还需进行系统性的布局**

虽然有利好政策的支持，但量子产业的整体发展目标、产业化路线等尚未明确。同时，量子产业生态体系尚未形成，龙头企业和上下游配套企业较少，还需进行系统性的布局。

2. **量子产业的"产学研用"机制有待建立**

量子科技研发主体主要是科研院所、高校及部分互联网头部企业，科研成果大多集中于学术领域，实验室与市场之间的通道尚未完全打通，"产学研用"各主体间缺乏沟通协作，需要建立完善的协同创新与应用机制。

3. **量子科技专业人才难以满足产业发展需求**

我国量子科技相关的人才培养体系还处于建设阶段，开设量子科技相关课程的高校不多，量子科技相关技术人才不足，难以满足量子产业发展的需要。同时，在人才引进、人才激励等方面尚未形成有效的机制，量子科技领域人才队伍建设需加强。

虽然量子产业的发展面临一些挑战，但未来前景是光明的。与量子科技相

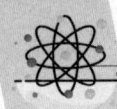

量子科技：技术变革与产业赋能

关的指导政策陆续出台，能够为量子产业生态体系的完善提供助力，为量子产业的发展指明方向。

从"产学研用"角度来说，量子科技领域科研机构与企业、企业与企业之间的合作逐渐增多，越来越多的合作研发项目落地。例如，2023年10月，量子科技长三角产业创新中心与玻色量子达成战略合作，双方将共建超导量子计算与光量子领域的产业生态联盟，为量子科技的应用提供助力；2024年1月，上海软件中心宣布携手启科量子打造产研合作的量子计算云平台，推动量子计算技术的应用。

此外，在人才培育方面，一些地方政府已经做出了部署。例如，2023年7月，安徽省发布了《安徽省数字经济领域技术技能人才培育项目实施方案》（以下简称《方案》）。该《方案》指出，要给予技能人才补贴，并制定了统一的补贴标准。同时，该《方案》提出，要构建数字经济职称专业体系，针对数字经济领域新职业增设职称专业，授权合肥市设立量子通信和人工智能专业，拓展技术技能人才职业发展空间。

总之，在政府、科研机构、企业等各方的共同努力下，量子科技发展过程中面临的挑战将被逐一破解，实现更好的发展。量子科技也将在实际应用中发挥更重要的作用，推动社会进步。

第 3 章
纵览全局：量子科技的全球竞争

作为一种影响深远的新兴技术，量子科技的发展引起了广泛关注。许多国家都积极探索这一领域，力求在技术研发与应用方面处于领先地位。其中，我国在量子科技领域的竞争中扮演着重要角色，在全球舞台中的影响力日益提升。在整体的竞争态势下，一些国家、机构也在谋求合作，以打造竞争优势、实现共赢，共同推动量子科技进一步发展。

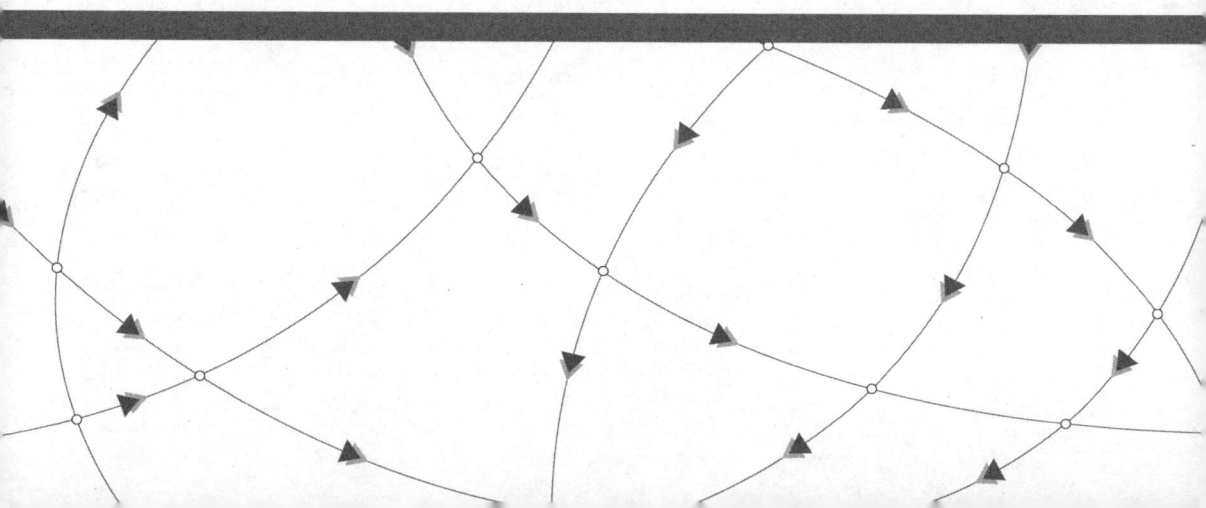

第3章 纵览全局：量子科技的全球竞争

3.1 大国博弈：量子科技成为多国布局新方向

量子科技以巨大的发展潜力，成为国际舞台上各国竞相布局的战略高地。众多国家意识到量子科技在推动科技进步、引领未来产业发展中的关键作用，因此纷纷加大投入，从政策扶持、科研投入、人才培养等多个维度进行全面布局。随着各国在量子科技领域的战略布局逐渐深入，量子科技已成为大国博弈的新焦点，各国竞相角逐，力求在这一战略制高点上占据有利地位。

3.1.1 美国：加强立法与区域科技中心建立

在布局量子科技方面，美国颁布了《国家量子计划法案》（以下简称《法案》），将国家量子计划以法律形式明确下来。这为美国推进量子科技研发与应用提供了法律保障。

该《法案》包括量子计算、量子通信、量子传感等多方面的量子计划，有助于美国提升在量子科技领域的竞争优势。具体而言，该《法案》涵盖以下两大内容。

1. 建立推进国家量子计划的相关管理机构

该《法案》提出要设立以下三大机构，并明确了其组织形式与职责，以推进量子科技相关计划落实。

（1）国家量子协调办公室。该办公室为白宫科技政策办公室的下属办公室，员工从各政府机构中抽调。该办公室为各机构的中心联络点，负责处理各机构间的协调事务，同时提供战略规划支持。

（2）量子信息科学小组委员会。该委员会为美国国家科技委员会的下属委员会，成员包括国家标准与技术研究院、能源部、科技政策办公室等多部门的员工。该委员会负责协调政府机构的量子科技研究、教育等活动，合理制定国家量子计划的目标、优先完成事项等。同时，该委员会需要制定具体的战略规划，并定期提交年度计划预算报告。

（3）国家量子计划咨询委员会。该委员会成员通常为工业领域、学术领域或联邦实验室的代表性人物，负责评估量子科技的趋势、发展状况，评估国家量子计划的实施进度、是否有必要修改计划等，并提交评估报告。

2. 制订具体的国家量子行动计划

该《法案》明确了具体的国家量子行动计划，以推进量子科技持续发展。该《法案》要求在2019—2023年间向主要参与部门投入12.75亿美元，以推进计划落实，并对各机构的投入额度与分工进行安排。

（1）国家标准与技术研究院。该研究院可以获得4亿美元资金，用于制定量子科技发展标准。

（2）国家科学基金会。该基金会获得2.5亿美元资金，用于推进量子科技人才队伍建设。该基金会为高等教育机构、非营利组织等提供资金支持，并成立多个多学科量子研究和教育中心，以推进量子科技普及与相关人才开发。

（3）能源部。该部获得6.25亿美元资金，用于推进量子科技研究。该《法案》要求能源部明确量子科技的研究目标，建设多个国家量子信息科学研究中

第 3 章 纵览全局：量子科技的全球竞争

心，进行量子信息、量子计算、量子传感等方面的研究。

除了以立法的方式推进国家量子科技布局外，美国还打造了两大量子科技中心，即科罗拉多州 Elevate Quantum Colorado 技术中心和芝加哥量子交易所 The Bloch Tech Hub 技术中心。

Elevate Quantum Colorado 技术中心旨在提升科罗拉多州地区在量子科技方面的领先地位，提高基础设施弹性并完善量子硬件供应链。该技术中心利用当地的量子科技优势，促使区域研究界与私营部门之间建立紧密的关系，推进量子科技研发与市场应用，刺激行业增长。

The Bloch Tech Hub 技术中心旨在推进量子计算、量子通信等相关技术研发，并提出解决方案。该技术中心通过高校、实验室以及各行业合作伙伴，增加各行业使用量子基础设施的机会，满足行业需求并创造更多就业机会。在这个过程中，该中心将基于量子科技，为物流运输、药物研发等领域提供新的解决方案。

3.1.2 德国：提出量子技术行动计划

2023 年 4 月，德国政府通过了《量子技术行动计划》（以下简称《行动计划》），提出了 2023—2026 年量子科技发展的战略框架，并明确了三大优先事项：推动量子科技投入应用、推进技术开发、打造良好生态系统。为此，德国政府与科学组织共同提供约 30 亿欧元的资金支持。

1. 推动量子科技投入应用

在应用方面，德国通过量子传感技术灯塔项目将相关应用推向市场，推进应用在原材料勘探、建筑地基勘察等场景中落地;在量子通信方面构建相关组件、模块与网络,将量子通信组件推向市场;在量子计算方面支持量子计算算法开发、应用软件推广等,推进量子计算相关产品的实际应用。

在安全保障方面,德国尝试通过量子通信保障商业、政府等领域的数据安全。为此,其积极推进量子密码系统、量子密钥分发等技术的研发;推进量子通信在应用中的安全性研究;加快量子通信技术认证,使其在公共机构、工业中实现应用。

2. 推进技术开发

在技术开发方面,德国积极推进用于传感器、导航、通信等方面的光电关键部件的开发,如微集成激光器、量子源、探测器等,同时积极推动量子科技领域高性能专用硬件(如量子计算机)的开发。此外,德国还积极推进量子科技领域的标准化活动,加强量子科技基础设施建设,为量子科技相关技术开发奠定基础。

3. 打造良好生态系统

在生态系统打造方面,一方面,德国为工业和科学联盟的建立提供资金支持,促使研究人员、开发人员、用户之间建立连接,同时举办各种研讨会与交流论坛,加强量子科技领域的交流与协同。另一方面,德国资助量子科技领域的高校、科研机构等组织成立衍生企业,为初创企业获得高校、科研机构量子专业知识与基础设施提供便利,积极推动量子科技领域创新企业的发展。

在打造良好生态系统的同时,德国也通过各种协会、各领域专家及社会主体的不断交流,对生态系统进行持续监测,以持续关注量子科技的发展,及时应对可能发生的不良事态。

3.1.3 英国：提出量子战略，制订行动计划

2023年3月，英国科技、创新与技术部发布《国家量子战略》（以下简称《战略》），描述了英国未来10年在量子科技领域的愿景与目标，并提出了具体行动计划。

该《战略》指出，英国的愿景是到2033年成为世界领先的量子经济体，量子产业繁荣发展，量子科技成为数字基础设施的组成部分。该《战略》还指出英国量子科技发展未来10年的目标，包括成为世界领先的量子科学和工程基地；推进量子业务发展，吸引全球投资与人才，成为量子企业投资首选地和全球供应链的重要组成部分；推进量子技术的商业应用，保护经济、社会和国家安全；搭建国家与国际监管框架，在量子监管方面处于国际领先地位。

为了实现以上愿景和目标，英国制订了详细的行动计划，主要包括以下几个方面，如图3-1所示。

1. 加大对量子科技的投资与研发

在投资方面，英国将从2024年起在未来10年投入25亿英镑，推动量子科技开发，并引入10亿英镑私人投资。这些资金将用于推进量子计算、量子通信、量子传感等领域的研究；推进PNT（Positioning，定位；Navigating，导航；Timing 授时）项目的研究与落地；推进量子科技的公共采购等。

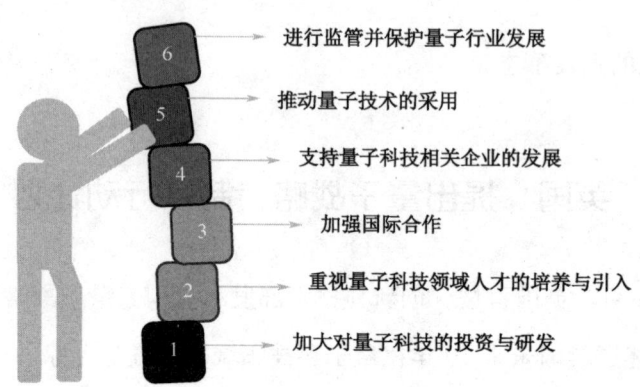

图 3-1 行动计划的主要内容

在研发方面，英国将积极推进以下行动：鼓励行业研发与创新，推进量子科技商业化可行性项目发展；大力发展特定技术部门与企业，推进加速器项目发展，加速量子科技发展与商业化应用；支持量子科技基础研究，使量子科技成为重要的研究工具，在更广泛的场景中得到应用等。

2. 重视量子科技领域人才的培养与引入

在这方面，具体的行动包括制订量子产业安置计划、量子技术学徒计划等，加强对量子科技领域人才的培养与激励；吸引国际优秀量子科技领域人才留在英国，为其提供资金、设施支持，鼓励其在英国进行研究与商业活动等。

3. 加强国际合作

在国际合作方面，英国将积极与国际合作伙伴进行量子科技发展机遇与挑战、量子科技关键应用等方面的分享与协作，同时通过深化合作，建立多边研究伙伴关系，推进量子科技研发。此外，英国还通过国际合作，与合作伙伴共同制定量子科技开发、部署原则。

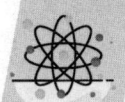

4. 支持量子科技相关企业的发展

英国从多方面支持量子科技相关企业的发展，具体行动包括推进行业、专业机构间在量子科技方面的合作，以推进量子科技相关法规与标准的制定；推进基础设施建设，为量子科技相关企业的技术研发与创新提供合适的基础设施；打造富有吸引力的量子科技相关项目，吸引国际量子科技企业开展投资与国际合作，支持国际量子科技企业入驻英国等。

5. 推动量子技术的采用

为推动量子科技落地与发展，英国将积极推动量子技术的采用，即通过政府采购，加速量子科技落地。量子科技领域的量子通信、量子传感等技术，将逐步应用于政府组织、政务中。同时，英国将推动量子科技相关行业或技术特定行动计划落地，推动技术融合。

6. 进行监管并保护量子行业发展

在践行《战略》的过程中，英国也十分重视对量子行业的监管。具体行动包括通过各种组织、论坛等发挥监管作用，保证对量子产业的监管能够支持量子科技的应用与经济创新；面对量子科技对当前公钥密码学安全的威胁，英国将积极推进网络安全方面的国际合作，实现向量子安全密码学的平稳过渡，降低探索量子科技的风险。

3.1.4 中国：加强量子科技前瞻布局

我国从多方面加强了量子科技前瞻布局，打造了一定的竞争优势，成为全球量子产业的领跑者。具体而言，我国主要在以下几个方面对量子科技进行了前瞻性布局，如图3-2所示。

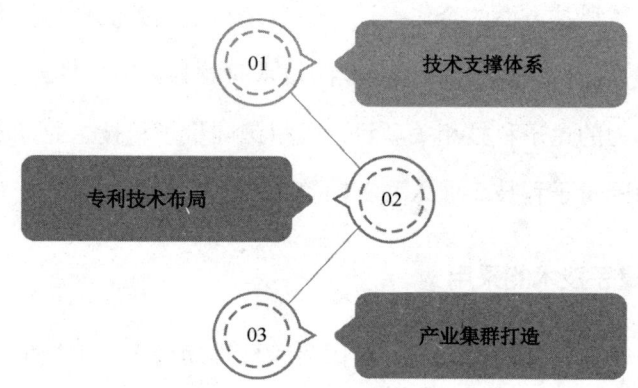

图3-2 我国对量子科技进行的前瞻性布局

1. 技术支撑体系

从技术支撑体系来看，我国不断加强对量子科技相关实验室、创新中心、产业投资基金、技术标准等方面的探索，为量子科技的发展提供支撑。例如，我国打造了量子光学与光量子器件国家重点实验室、中国科学院量子信息重点实验室等国家重点实验室；量子科技长三角产业创新中心、量子信息与量子科技前沿协同创新中心等创新中心；湖北省量子科技产业投资基金、中国互联网投资基金等产业投资基金；《量子计算术语和定义》《量子保密通信网络架构》等技术标准。

2. 专利技术布局

在专利技术方面，我国积极推进量子科技专利研发，在全球范围内占据优势地位。2022年10月，IPRdaily中文网发布了全球量子计算技术发明专利排行（TOP100）榜单，对全球范围内量子计算领域企业发明专利数量进行排名。前10榜单如表3-1所示。

表3-1 全球量子计算技术发明专利排行榜（前10名）

排序	企业简称	国家/地区	截至2022年10月18日在全球公开的量子计算技术发明专利申请量/件
1	IBM	美国	1323
2	Google	美国	762
3	D-Wave	加拿大	501
4	Microsoft	美国	496
5	Northrop Grumman	美国	262
6	本源量子	中国	234
7	Intel	美国	221
8	百度网讯	中国	186
9	lonQ	美国	164
10	Rigetti	美国	110

榜单中的100家企业来自十几个不同的国家和地区。从占比来看，排名前三的国家为美国、中国、日本，占比分别为40%、15%、11%。从排名来看，美国科技公司IBM以1323件专利位列第一，Google以762件专利位列第二，加拿大量子计算公司D-Wave以501件专利位列第三。

我国企业中排名最高的为本源量子，以234件专利位列第六。进入前10名榜单的还有百度网讯，以186件专利位列第八。整个榜单中我国共15家企业入围，除了本源量子和百度网讯外，还有华为、腾讯、阿里巴巴等企业。

3. 产业集群打造

针对量子科技研发与应用，我国多地打造了产业集群，积极研发量子新技术,培养新业态。例如,无锡成立了量子感知研究所,并创建了"随钻核磁共振测井仪""近钻头随钻测量系统"等定向研发中心。该研究所成功孵化量子感知、国仪无锡等多家量子企业,推动量子科技产业化发展。

合肥量子产业集群也日益完善。合肥聚集着国盾量子、本源量子等量子技术企业,并拥有众多量子关联企业与量子科技领域科研人员,技术实力强劲。基于此,合肥量子产业发展迅速,产出了一系列先进成果,如量子芯片生产线、量子计算机操作系统、量子密话产品等。

未来,合肥将进一步完善量子产业生态体系,推进量子产品在政务、能源等领域的应用,以及量子科技创新与跨界融合发展。合肥还将推进量子信息未来产业科技园建设,并基于产业发展需求,完善产业园区功能。

3.2 核心措施:多方面打造量子科技优势

为了强化自身在量子科技领域的优势地位,各国从底层量子芯片技术、基础设施建设、产业人才培养等方面入手深化布局,不断提升自身的量子科技竞争力。

3.2.1 聚焦底层量子芯片技术研发

量子芯片是量子计算的核心部件,在量子计算机打造、量子人工智能等方面具有广阔的应用前景。当前,越来越多的国家、企业意识到量子芯片对推动

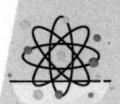

第3章 纵览全局：量子科技的全球竞争

量子科技发展的重要作用，纷纷投入量子芯片研发中。

IBM、谷歌、微软等科技巨头都是量子芯片赛道的重要玩家，它们持续推进量子技术与新型量子芯片研发。以 IBM 为例，2023 年 12 月，IBM 发布了量子芯片 Condor（秃鹰）和 Heron（鹭）。

Condor 是世界首款 1000 量子位量子芯片，拥有 1121 个量子比特；Heron 拥有 133 个量子比特，性能较此前的芯片有了大幅提升。Heron 能够实现互联，便于构建模块化的量子计算机。基于此，IBM 推出了模块化量子计算系统 IBM Quantum System 2。

我国在量子芯片领域的研发也取得了重大进展。在光量子芯片方面，中国科学技术大学的一个院士团队与德国马克斯·普朗克光科学研究所合作，开发出一种高度集成、具有可扩展性的光量子芯片。基于独特的设计，这款芯片能够实现光子和量子比特的精确操控，实现高效、稳定的量子计算和通信。

在量子芯片研发方面，2024 年 1 月，量子计算芯片安徽省重点实验室、安徽省量子计算工程研究中心联合发布第三代自主超导量子芯片"悟空芯"。该款芯片拥有 198 个量子比特，与前两代量子芯片相比，性能有了显著提升。该款量子芯片已经在自主超导量子计算机"本源悟空"上实现了应用，在"悟空芯"的支持下，"本源悟空"量子计算机能够同时下发、执行 200 个量子线路的计算任务，在计算速度上具有显著优势。

"悟空芯"的发布，标志着我国的自主超导量子计算机制造能力从小规模阶段过渡到中等规模阶段，我国在量子芯片市场中的竞争力大幅提升。未来，随着越来越多国家和企业的加入，量子芯片市场的竞争会更加激烈，只有持续推进量子芯片技术研发，不断产出新成果，才能长久立于不败之地。

3.2.2 推进基础设施建设，打造量子通信网络

在基础设施方面，不少国家都积极推进量子通信基础设施建设，并构建各种量子通信网络。

放眼国外，2020 年 2 月，美国政府发布《美国量子网络战略远景》报告，明确量子通信网络的中期和远景目标。中期目标是推进实验室、企业等组织在量子网络的基础科学、关键技术方面的探索，包括量子中继器、量子存储器等，同时确定这些系统的影响与应用，以及对商业、科学、国家安全的作用。远景目标为实现量子互联网，以联网的量子设备实现新功能，同时加强人们对量子纠缠的理解。

2020 年 7 月，美国能源部发布《从远距离纠缠到建立全国性量子互联网》的报告，提出需要优先研究的方向，包括为量子互联网提供构建模块、整合量子网络设备、实现量子网络功能纠错等。

在具体实践方面，美国能源部布鲁克海文国家实验室积极推进量子网络设施建设，打造了长度为 98 英里（约合 141 公里）的量子网络设施。该设施为科学家的研究提供服务，推进量子通信网络领域的发展。此外，该设施还能推进增强光学干涉测量、分布式量子计算等一系列量子应用落地。

基于欧洲量子通信基础设施（EuroQCI）计划的指引，爱尔兰、法国等国家纷纷推进量子通信基础设施建设。其中，爱尔兰启动量子通信基础设施计划，致力于打造一个创新的量子技术生态系统，以避免通信基础设施遭受网络攻击。法国启动了 FranceQCI 项目，部署量子通信基础设施网络，并将量子技术集成

到现有的通信网络中。

聚焦国内,我国也在量子科技基础设施方面进行了诸多部署。

在地面量子通信方面,多地都积极推进量子信息基础设施建设。例如,安徽省基于在量子信息方面的技术优势,积极推动省域量子保密通信干线网络、城市城域网的搭建,支持量子通信技术在政务信息保护、金融业务加密、工业互联网等领域的应用。

在卫星量子通信方面,我国成功发射了多个量子卫星,实现了多地的量子通信。例如,我国发射了世界上第一颗量子通信卫星"墨子号",并基于"墨子号"持续进行卫星量子通信的探索。借助"墨子号",实验团队实现了相距1200公里地面站之间的量子信息传输,在构建全球化量子通信网络方面迈出了重要一步。2022年7月,我国第二颗量子通信卫星——低轨道量子密钥分发试验卫星成功发射,为量子卫星商业化发展奠定了基础。

推进量子通信基础设施建设成为很多国家的共识。未来,随着各国量子通信技术的发展以及更多探索性项目的落地,量子通信基础设施建设将会逐渐完善。在此基础上,地区间、国家间的量子通信将进一步发展。

3.2.3　加强产业人才培养,构建人才生态

量子产业是一个战略性新兴产业,量子科技领域的竞争其实是人才的竞争。要想在量子科技领域建立长期竞争优势,各国就要加强产业人才培养,构建完善的人才生态。在这方面,各国可以从以下3个方面入手,如图3-3所示。

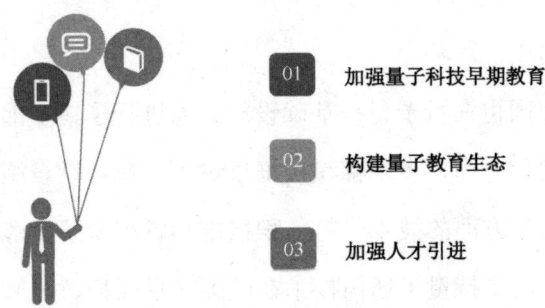

图 3-3　各国进行产业人才培养与人才生态构建的措施

1. 加强量子科技早期教育

早期教育能够提升学生对量子科技的认知,激起他们对量子科技的憧憬。当前,一些国家已经在中小学开展量子科技相关教育。例如,德国提出,小学和中学要开发合适的学习材料和学习课程;澳大利亚提出,在高中物理学科中增设有关量子物理和现代量子技术的课程。

在我国,量子科技进入中小学课堂已经有了实践探索。基于无锡量子感知研究团队的先进设备、教学方案和人才基础,"量子计算理论与实验"课程走进江苏省锡山高级中学。在课上,无锡量子感知研究团队的成员为学生授课,讲解量子科技的相关概念、原理等,展示充满魅力的量子世界。

2. 构建量子教育生态

构建量子教育生态,实现教育与产业的连接,是推动量子人才可持续发展的重要举措。当前,已经有一些国家针对量子科技发展需求开发高等教育产品,设置量子科技相关课程,加强对量子人才的培养。例如,在澳大利亚,昆士兰大学设置了量子技术硕士学位;墨尔本大学设置了量子信息处理课程,允许学生短期选修。

同时,政府、高校、量子科技相关企业等共同创建的量子教育机构,向量子

第3章 纵览全局：量子科技的全球竞争

产业定向输送人才。例如，悉尼量子学院是一家在当地政府以及悉尼大学、悉尼科技大学等高校的共同支持下而成立的量子教育机构。悉尼量子学院以各高校的基础设施、科研力量为依托，持续进行量子科技研发与专业人才培养，向产业输送量子物理学家、量子工程师等专业人才。

此外，各大企业也是构建量子教育生态的重要主体。例如，摩根大通、IBM等企业已经参与到量子人才培养中，积极推出在线量子课程，为学生提供实习机会和多元化职业发展路径。

3. 加强人才引进

在量子科技领域，不少国家都积极采取措施引进相关人才，以强化自身人才优势和竞争力。在这方面，美国国家科学技术委员会下属的量子科学经济与安全影响小组发布《国际人才在量子信息科学中的作用》报告，倡导在全球范围内吸引高素质人才，并制定相关的人才引进和补助政策；美国还积极与芬兰、瑞典等国合作，推进量子技术研发与人才培养。澳大利亚通过调整签证和移民政策，吸引量子物理、计算机科学等方面的人才。

可以预见，随着量子产业持续发展，未来将产生更大的人才需求。政府、科研机构、企业等需要加强合作，共同推进量子人才培养，为量子产业发展提供源源不断的人才资源。

3.3 未来趋势：竞争中的合作成为潮流

在各国布局量子科技领域的过程中，竞争与合作并存，国际合作成为推动量子科技发展的关键要素。基于共同的科研目标，各国可以携手研发新技术，从而增强自身在国际舞台上的竞争力和影响力。

3.3.1 量子科技领域国际合作四大优势

在各国加速量子科技布局、积极参与竞争的过程中，国际合作逐渐加深，成为常态。对于各国而言，加强国际合作主要有以下四个优势，如图3-4所示。

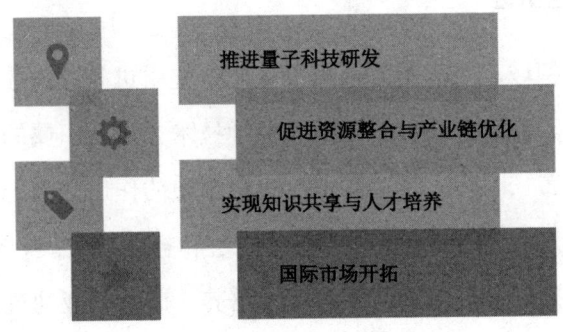

图 3-4 各国加强国际合作的优势

1. 推进量子科技研发

通过国际合作，各国能够优势互补、互利共赢，共同推进新技术研发，从而实现技术突破。例如，我国与俄罗斯积极推进量子科技领域合作，共同进行量子加密通信测试。在测试中，双方科学家以量子卫星"墨子号"为依托，将经过量子密钥加密的图片成功传送至对方地面站，实现了长达3800公里的量子加密通信。这一合作实验成果验证了量子加密通信在超远距离下的可行性。

2. 促进资源整合与产业链优化

国际合作对量子产业的资源整合与产业链优化具有推动作用，有利于量子产业繁荣发展。例如，美国霍尼韦尔公司量子计算部门与英国剑桥量子公司共同成立了名为 Quantinuum 的量子计算公司。基于两个公司的资金与其他资源支持，Quantinuum 致力于量子科技相关硬件、软件、应用研发，其研发成果又会反哺这两个公司。这种合作实现了资源整合，推进了量子产业发展。

3. 实现知识共享与人才培养

在国际合作中，各国能够通过量子科技项目合作实现量子知识共享，为量子人才提供交流与学习机会，加速人才培养。例如，美国科技巨头 IBM 与美国芝加哥大学，日本东京大学、庆应义塾大学及韩国延世大学、首尔国立大学在量子计算领域开展合作，并联合培养量子计算人才。国际合作能够使学生有机会接触先进的量子技术，在合作研究与实习中成长为专业的量子科学家。

4. 国际市场开拓

国际合作有利于量子产品市场拓展。通过合作，各国企业能够共同开拓全球市场，分享市场资源，推动量子产品的广泛应用。当前，基于国际合作，我国的量子产品已经走向国际。例如，我国量子计算企业量旋科技与一家中东科研机构达成合作，向其成功交付了自主研发的超导量子芯片，实现了我国量子芯片的海外交付。

总之，量子科技领域的国际合作具有诸多优势，能够加速量子科技创新、产品市场开拓等。未来，随着国际合作进一步深化，量子科技的发展有望迈向更高阶段。

3.3.2 国际机构 OQI 量子研究所启动

2023年10月,GESDA(日内瓦科学与外交预测专家)基金会宣布OQI量子研究所正式启动。OQI由欧洲核子研究组织与GESDA基金会、瑞银集团、瑞士联邦外交部等诸多机构合作创建,致力于发挥量子计算的潜力,推进能源、气候保护等可持续发展项目。OQI聚集了约20个国家的100多名专家,科研实力强劲。

OQI的目标是助力量子资源、量子技术专业知识的获取,促使量子计算产生更加广泛的社会影响。这主要通过以下手段实现。

(1)使来自各研究机构、高校的量子技术专家与相关国际组织代表建立联系,推进对量子计算应用的探索,助力可持续发展。

(2)提升云中可用的计算机及模拟器的包容性,实现公平访问。

(3)有针对性地开发教育工具,让服务欠缺地区的用户也能使用量子计算,并编制OQI培训工具清单。

(4)针对OQI工作中的经验与教训,促进各国政府之间、国际组织之间围绕量子计算和可持续发展目标进行讨论,以预测量子计算领域的开放、包容、公平、公正的未来治理新技术。

在实际探索中,OQI把目光聚焦于可持续发展项目上,探索量子计算在能源、气候、清洁水、粮食安全等领域的应用。具体项目包括借助量子计算提升全球粮食系统的可持续性;探索量子机器学习解决方案,以助力疾病早期诊断等。

总之,OQI的成立是量子科技造福社会迈出的重要一步。其对量子科技落地应用的持续探索,对推动社会可持续发展具有重要意义。

第 4 章
量子计算：新计算模式带来强大的计算能力

基于叠加性、量子纠缠等特性，量子计算具有优越的计算性能，不仅可以为计算提速，还可以为一些以往难以解决的计算问题提供解决方案。在持续发展中，量子计算逐渐应用到密码学、药物研发等领域，催生了多样的先进成果。

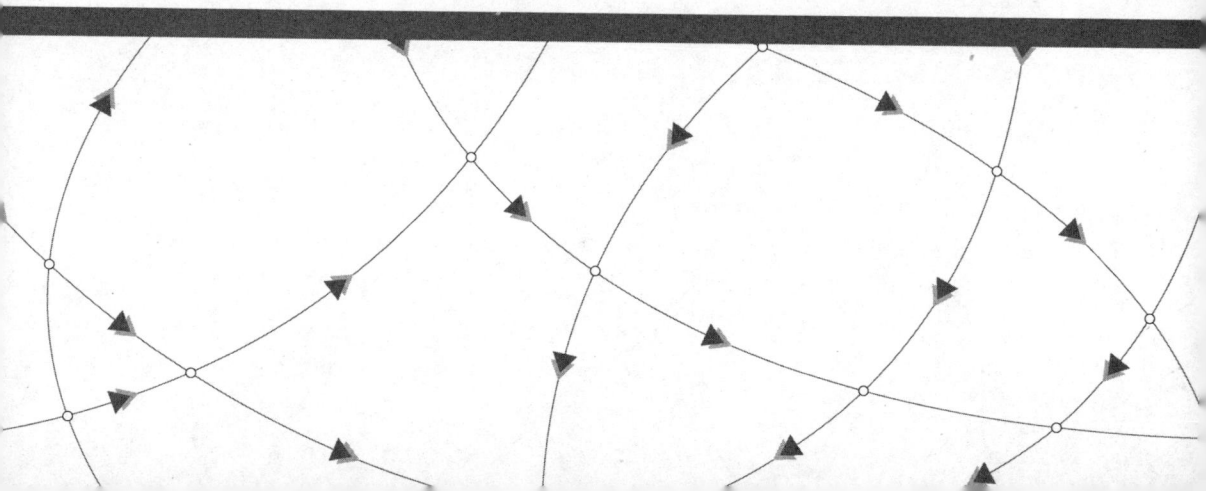

第 4 章　量子计算：新计算模式带来强大的计算能力

4.1　量子计算与量子算法

量子计算是一种借助量子力学原理进行计算的技术，能够通过并行计算提升计算效率，降低计算成本。在量子计算中，量子算法发挥着重要作用，为量子计算提供算法支持。

4.1.1　量子计算的核心优势

作为一种前沿的计算技术，量子计算具有诸多优势，如图 4-1 所示。

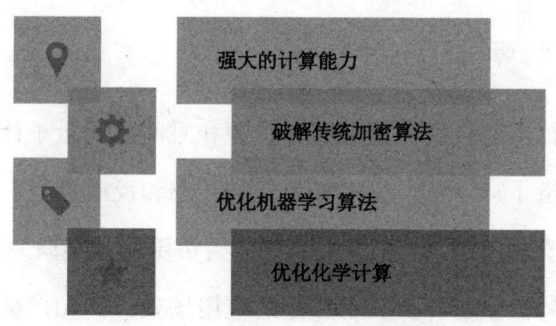

图 4-1　量子计算的优势

1. 强大的计算能力

量子计算的基本计算原理和传统计算的大不相同，其使用量子比特而不是传统的二进制比特进行计算。量子比特的特性在于能够同时处于多种状态，进

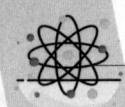

而同时执行多个计算任务,这使得量子并行处理成为现实。基于此,量子计算具有并行计算能力,能够同时处理多个复杂计算问题。

2. 破解传统加密算法

传统加密算法基于数学难题实现,而量子计算能够基于量子算法加速计算数学难题,进而有效破解加密算法。这对于个人隐私、商业机密保护等具有重要意义。

3. 优化机器学习算法

机器学习是人工智能领域的一项重要技术,许多机器学习算法需要大量资源才能训练和优化模型。在这方面,量子计算可以通过并行计算加速机器学习算法的训练过程。

4. 优化化学计算

化学计算往往需要耗费大量的计算资源和时间,而量子计算可以为化学计算提速。例如,量子计算可以模拟分子的量子态和反应过程,帮助研究人员预测化学反应的性质和结果。这能够帮助研究人员更高效地研发新材料、新药物。

基于以上优势,量子计算具有广泛的应用场景。例如,量子计算可以应用于问题优化方面,在设定的约束条件下找出问题的最优解,这对于生产优化、物流优化等具有巨大价值;可以应用于大数据分析方面,通过并行计算快速分析大规模数据,发现其中的规律与关联。

当前,量子计算还处于不断发展的过程中,随着技术的突破,量子计算的应用前景将更加广阔,为科技领域的革命性发展奠定基础。

4.1.2 量子算法应运而生

和传统计算相同,量子计算也需要遵循一定的算法,即量子算法。量子算法基于量子力学原理而设计,基于量子态的叠加、量子纠缠等特性进行计算,具有强大的计算性能。

量子算法与传统算法存在诸多不同。在运算方式上,传统算法基于布尔逻辑运算,而量子算法基于量子门的操作。在这种运算方式下,多个量子比特可以同时运作,实现并行计算。在计算复杂度方面,量子计算能够完成更复杂的计算任务,实现高速、高精确度的计算。在适用范围方面,量子算法可以解决传统算法难以解决的一些问题,如化学计算、优化问题等,具有更广泛的应用场景。

常见的量子算法主要有以下几种。

(1) Shor 算法。Shor 算法主要用于因式分解,能够在多项式时间内分解大整数,完成传统算法无法完成的任务。

(2) Grover 算法。Grover 算法主要用于量子搜索,能够快速搜索到未排序列表中的目标项。

(3) Deutsch-Jozsa 算法。Deutsch-Jozsa 算法可以用来判断函数是否恒定或均衡。

(4) Simon 算法。Simon 算法可以用来寻找相同因子,能够在多项式时间内找到黑盒函数的周期,进而解决离散对数问题。

(5) QAOA 算法。QAOA 算法可以用于解决优化问题,能够在多项式时间内找到最优解。

（6）VQE 算法。VQE 算法可以用于量子化学计算方面，能够为求解分子的基态能量助力。

在多样量子算法的支持下，量子计算拥有更强大的计算能力，能够完成质因数分解、搜索等多方面的计算任务，应用范围更广。

4.2 量子计算三大发展态势

在量子科技火热发展的浪潮下，不少国家和企业纷纷布局量子计算领域，加速量子计算技术研发。在它们的推动下，量子计算领域呈现三大发展态势。

4.2.1 量子计算产业生态崛起

当前，全球量子计算市场规模不断增长，呈现出良好的发展趋势。在巨大利益的吸引下，越来越多的企业开始布局量子计算领域，量子计算产业生态逐渐完善。量子计算产业生态如图 4-2 所示。

从产业链来看，量子计算产业上游聚集着原材料和加工设备供应商，它们提供各类设备组件和元器件，为开发量子计算机提供保障。

量子计算产业中游涉及量子计算机硬件及软件。量子计算机的技术路线多种多样，其中，超导、离子阱、光量子等路线发展较快。量子计算软件领域已涌现出一些相关企业和创新成果。探索并行技术、分子原子模拟技术等量子应

第4章 量子计算：新计算模式带来强大的计算能力

用技术是中游企业的重要任务。

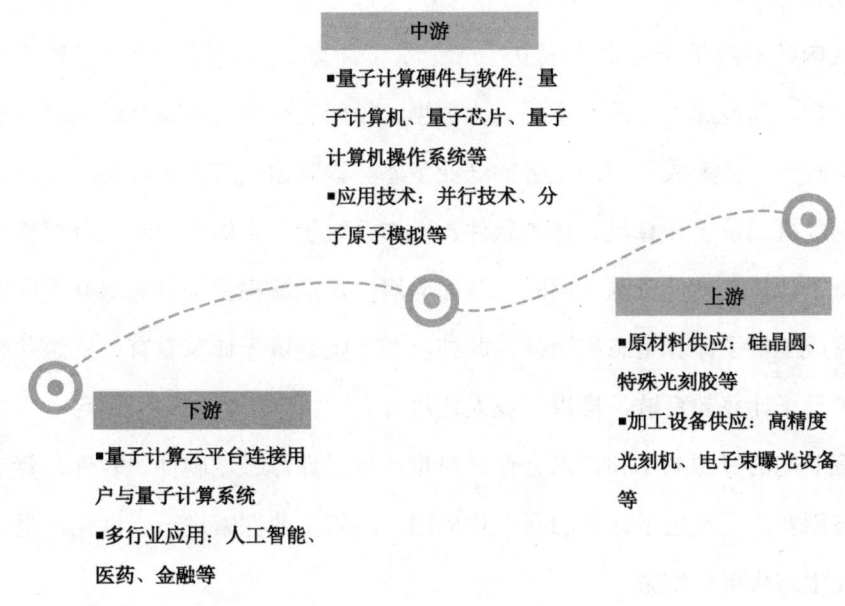

图4-2 量子计算产业生态

量子计算产业下游涵盖量子计算云平台和各种行业应用。当前，全球数十家公司、研究机构推出了多样的量子计算云平台。量子计算应用已经在人工智能、医药、金融等领域落地。

从产业化程度来看，全球已有数百家量子计算公司，覆盖多样的技术路线和行业应用方向，其中不乏一些上市公司。例如，在我国，国盾量子、科大国创、神州信息等上市公司在量子计算领域都有所布局，在量子计算技术研发、应用等方面占据优势。

从产业生态来看，为了推进量子计算产业发展，一些量子计算领域的龙头企业牵头成立了量子计算产业联盟。例如，美国的IBM牵头成立了一个国际量子计算产业联盟,联合日本、德国、澳大利亚等国家的数百个企业,共同推进量子计算的发展。

我国的本源量子也牵头成立了一个量子计算产业联盟,吸引了数十家企业、机构、高校加入,涉及金融、大数据、轮船制造等诸多领域。虽然该联盟的体量较小,但形成了较为完善的产业生态。该联盟还形成了以量子处理器、稀释制冷机、量子计算机、量子软件、操作系统等为主的生产制造链,提供丰富的量子计算软硬件资源。同时,其面向用户,能够根据场景需求开发应用算法,形成了量子计算生态应用链。此外,其还围绕量子计算教育、资源共享等形成了量子计算教育链,推进行业人才培育。

企业间的资源共享和技术合作,将推动量子计算领域硬件、软件、算法的研发与创新,以及量子计算的商业化应用。随着企业探索进一步深化,量子计算产业生态将更加繁荣。

4.2.2 技术创新下,创新成果不断增加

随着众多企业对量子计算的探索,这一领域的创新成果不断涌现,量子计算机就是其中的重要代表。

美国的原子计算公司推出了量子计算机 AtomQ。通过训练以及与人工智能算法、大模型结合,AtomQ 具备更高的计算性能和智能水平,在解决复杂问题、多领域应用方面具有优势。

基于人工智能算法和大模型,AtomQ 具备强大的处理复杂问题的能力,能够实现多任务模拟、计算,解决传统计算机难以解决的问题。在诸多应用领域,

第4章 量子计算：新计算模式带来强大的计算能力

AtomQ 都能实现很好的应用。

在气候预测方面，AtomQ 能够模拟并预测气候变化，加强人们对全球变暖、气候灾害等的认知。通过分析海量数据，AtomQ 能够更精准地预测气候变化趋势，为应对气候变化、制订气候方案提供依据。

在基因编辑方面，AtomQ 能够应用于基因研究，通过模拟原子、分子的量子行为，帮助人们理解基因的结构和功能，为基因编辑技术研发、疾病治疗等提供指导。

在宇宙模拟方面，AtomQ 能够模拟宇宙的起源、预测宇宙的演化过程。这能够帮助人们研究宇宙的结构和形成机制，揭示宇宙中的物理规律和天体现象。

在金融分析方面，AtomQ 能够应用于金融市场趋势预测方面。基于量子计算和 AI 算法，AtomQ 能够预测金融市场的趋势，为金融决策和风险管理提供指导。

2024 年 6 月，量子技术创业企业中科酷原发布了我国首台原子量子计算机"汉原 1 号"。"汉原 1 号"采用物理机柜和电路机柜组合的机柜式设计，可以在普通室内环境下运行，便于本地化部署，具有高稳定性、高保密性、高集成度等优势。未来，中科酷原将不断探索"汉原 1 号"在量子金融、量子模拟等领域的应用，推进"汉原 1 号"的商业化进程。

除了量子计算机外，量子计算领域的其他创新成果也不断涌现。例如，2024 年 5 月，中国科学技术大学研究团队发布新成果。其将自主研发的"光子盒"排布成阵列，实现了基于光子的分数量子反常霍尔态，打造了研究分数量子霍尔效应的新平台。该成果将在未来用于模拟量子系统，为量子物理研究提供助力。

未来，随着各国企业、机构的不断探索，更多的量子计算先进成果将会出现。同时，这些成果将会在化工、金融、传媒等更多领域落地，从多方面为科研、科学发展助力。

4.2.3 产学研融合，各方合作成为趋势

在量子计算发展过程中，企业、科研院所等都是其中的重要参与者。随着各方合作的加深，产学研合作模式逐渐兴起，加速了量子计算技术的发展。产学研合作模式如图 4-3 所示。

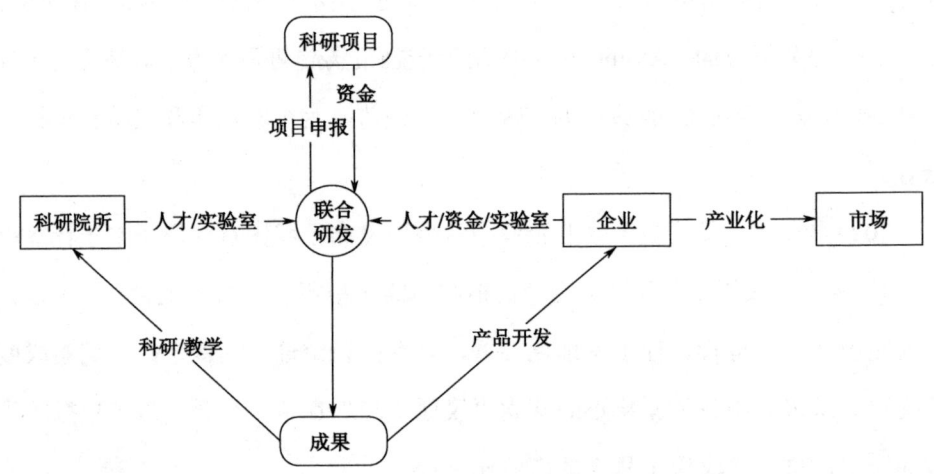

图 4-3 产学研合作模式示意图

在产学研合作模式下，科研院所与企业能够集成各自的人才、资金等优势，打造联合研发实验室，共同进行科研项目申报并产出成果。在这种模式下，科研院所能够基于成果进行科研或教学，企业也能够基于成果进行产品开发，并将产品推向市场。

第4章 量子计算：新计算模式带来强大的计算能力

产学研合作模式具有诸多优势。一方面，产学研合作模式搭建了一个完善的合作框架，在这个框架下，科研院所与企业能够集中资源共同进行量子计算新技术开发，为科研院所的技术研究、企业产品开发提供支持。

另一方面，基于产学研合作模式，合作伙伴之间的信息与资源能够共享，更有利于量子计算技术与产品研发。同时，在信息共享的背景下，科研院所能够更准确地了解市场需求，进而进行有针对性的研究。而企业可以充分利用研究机构的研究成果，快速推动量子计算的技术转化和产品商业化应用，强化自身竞争优势。

在量子计算产学研融合方面，上海交通大学、无锡市滨湖区政府、蠡园经济开发区携手打造了上海交通大学无锡光子芯片研究院。该研究院又与量子科技公司图灵智算共同打造了太湖量子智算中心。该量子智算中心致力于打造"量子—经典"混合架构平台，并推进这一混合架构相关软硬件的迭代，以打造更加普惠、可靠的算力基础设施底座。

在上海交通大学无锡光子芯片研究院、图灵智算的共同探索下，太湖量子智算中心加速量子计算相关技术创新，赋能智慧交通、智慧城市等方面的建设。同时，在该量子智算中心的影响下，量子计算相关人才实现聚集，进一步提升无锡地区的综合影响力和竞争力。

4.3 量子计算前沿应用

量子计算前沿应用主要面向密码学、人工智能等热门领域，为这些领域提供了新的计算方式与技术解决方案。在量子计算的支持下，信息传输安全性提高，数据分析速度加快。

4.3.1 量子计算+密码学：实现更安全的信息传输

密码学是一门研究加密技术与信息安全的学科，在数据加密、在线支付等场景中应用，能够避免数据在多次转换过程中被跟踪，保障数据安全。为了应对复杂的安全问题，密钥的长度不断增加，算法变得越来越复杂。而量子计算能够在有密钥的情况下，并行处理大量潜在的结果。

量子计算在密码学中的应用主要体现在以下几个方面。

在密钥分发方面，传统的密钥分发可能会被窃听或被破解，而量子密钥分发能够发挥量子纠缠的特性，实现保密性更高的密钥交换。量子密钥分发的核心机制在于利用量子比特的传输特性，确保发送者与接收者之间能够安全地生成并共享密钥。基于量子比特的特性，对量子比特的窃听会导致量子态崩溃，进而保障密钥分发过程安全可靠。

在随机数生成方面，传统计算机生成的随机数具有可预测性，不是很安全。而量子计算能够基于量子力学的随机性质生成更加可靠的随机数，无法被预测。

在控制访问方面，基于量子态的不可克隆性和不可观测性，量子计算能够实现安全的访问控制，如实现安全的远程门禁控制，只有获得授权的用户才能获取密钥并访问相应的资源。

量子计算在密码学领域的应用可以提高算法效率。量子计算能够在同一时间处理多个计算任务，具有更高的计算速度和效率。这使得量子计算可以

第4章 量子计算：新计算模式带来强大的计算能力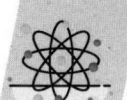

更快地完成加密、解密和签名等操作，提高密码学算法的运行效率。随着量子计算技术不断发展和逐渐成熟，其在密码学中的应用将为信息安全领域带来新的突破。

4.3.2 量子计算+人工智能：为机器学习和数据分析提速

随着数据规模持续扩大，传统的计算方式难以满足人工智能发展的需要，而量子计算能够帮助人工智能破解计算瓶颈。量子计算与人工智能结合，将提升人工智能的智能能力，这主要体现在以下几个方面。

首先，量子计算能够为人工智能算法的训练和优化过程提速。深度学习是人工智能领域的重要技术，对计算资源的需求非常大。在传统计算方式下，需要不断优化算法，经过长时间的计算才能实现深度学习。而量子计算能够通过量子并行处理快速计算，提升深度学习的训练速度。同时，量子计算还能够用于解决机器学习中的优化问题，提高数据挖掘和模式识别的效率。

其次，量子计算能够助力分布式系统实现更加智能的决策和控制。在分布式系统中，节点之间需要相互协同以完成任务，而量子计算可以提高信息传输速度，并保障数据安全，更好地实现节点之间的协同。同时，量子计算还能够帮助人工智能系统实现智能决策和控制。

例如，在智能交通领域，量子计算和人工智能相结合有助于打造更加智能的智能交通系统。在智能交通系统中，人工智能应用于交通信号控制、交通拥堵预测、智能驾驶等方面。人工智能可以通过监测和分析交通数据，预测交通流量、交通事故，并及时调整交通信号，使交通系统更加智能化、高效化。但是，人工智能在处理复杂问题和大规模数据方面存在缺陷。而量子计算与人工智能结合可以克服这些缺陷，提供更精确、更高效的解决方案。具体而言，量子计算能够从以下几个方面赋能智能交通系统，如图4-4所示。

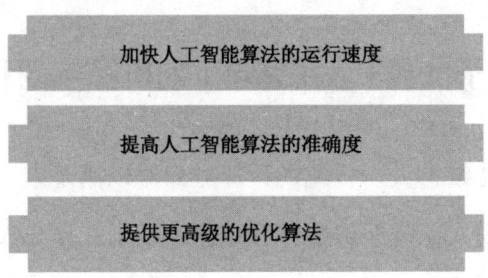

图4-4 量子计算对智能交通系统的赋能

（1）加快人工智能算法的运行速度。在智能交通领域，传统人工智能算法需要大量的计算资源处理复杂的交通数据。而量子计算可以在较短的时间内处理更多的信息，提供更准确的预测和决策结果。例如，在交通拥堵预测中，量子计算机可以更快地分析大规模的交通数据，提供实时的拥堵预测结果，帮助交通管理部门采取相应的措施缓解拥堵。

（2）提高人工智能算法的准确度。智能交通系统中的许多决策和预测都基于数据建模和分析实现。然而，传统计算机的计算能力有限，往往只能使用部分数据进行建模和分析，导致预测结果不够准确。而量子计算机可以同时处于多个状态，充分利用所有数据，提高模型的准确度和预测的可靠性。例如，在交通信号控制中，量子计算机可以综合考虑各个路口的交通流量、信号灯状态、路况等多个因素进行最优调度，优化交通流动性。

第 4 章　量子计算：新计算模式带来强大的计算能力

（3）提供更高级的优化算法。智能交通系统存在的许多问题是复杂的优化问题，传统的优化算法往往只能提供较为简单的解决方案。而量子计算机可以进行并行计算，通过量子优化算法快速找到复杂优化问题的全局最优解。例如，在智能驾驶中，量子计算机可以通过优化车辆的行驶路径和速度，在不同的路况下提供最佳的驾驶策略，提高行驶安全性和效率。

最后，量子计算能够提升人工智能系统的安全性。传统计算方式存在数据泄露的风险，而量子计算能够通过量子密钥分发、量子密码学等技术，实现安全可靠的数据加密和解密，提高人工智能系统的安全性。

总之，量子计算与人工智能的结合能够带来深刻的科学变革。未来，二者的进一步融合将催生更多先进的技术与应用，为人们带来更加智能、高效的科技服务。

4.3.3　九章三号：我国量子计算原型机再破纪录

2023 年 10 月，中国科学技术大学中国科学院量子信息与量子科技创新研究院的研究团队，和中国科学院上海微系统与信息技术研究所、国家并行计算机工程技术研究中心合作构建了量子计算原型机"九章三号"。该量子计算机体现了超强的光量子信息技术水平和优越的量子计算性能。

研究人员通过光子探测新方法，打造了更先进的准光子数可分辨探测器，实现了光子操纵水平与量子计算复杂度的提升。

九章三号在高斯玻色取样速度方面较九章二号提升了 100 万倍，巩固了我国在量子计算领域的领先地位。高斯玻色取样是一种通过模拟玻色子分布进行概率取样的方法，需要进行大量的运算。已有的超级计算机"前沿"需要花费 200 亿年以上的时间才能完成如此复杂且庞大的工作，而九章三号用 1 微秒的时间即可完成。这意味着九章三号可以解决一些此前无法解决的问题，为科学研究提供强有力的算力支持。

九章三号还能用于求解量子化学、量子机器学习等领域的量子优化问题。这些领域涉及数据分析、模型训练等方面的任务，需要高效的计算工具。九章三号拥有强大的计算性能，能够为这些领域提供新的解决方案。

总之，九章三号是我国量子计算领域的突出成果，展示了我国在量子计算方面的强大实力，也为全球范围内的量子计算研究工作提供助力。

第 5 章
量子通信：隐秘传输保证传输安全

量子通信是基于量子态的非局域性、不可复制性等特点实现信息传输的一种现代化通信方式。它具有很高的安全性和可靠性，能够推动通信行业转型和创新，给人们的生活带来更多便利。当前，量子通信已经在多领域实现了应用，为通信行业带来新气象。

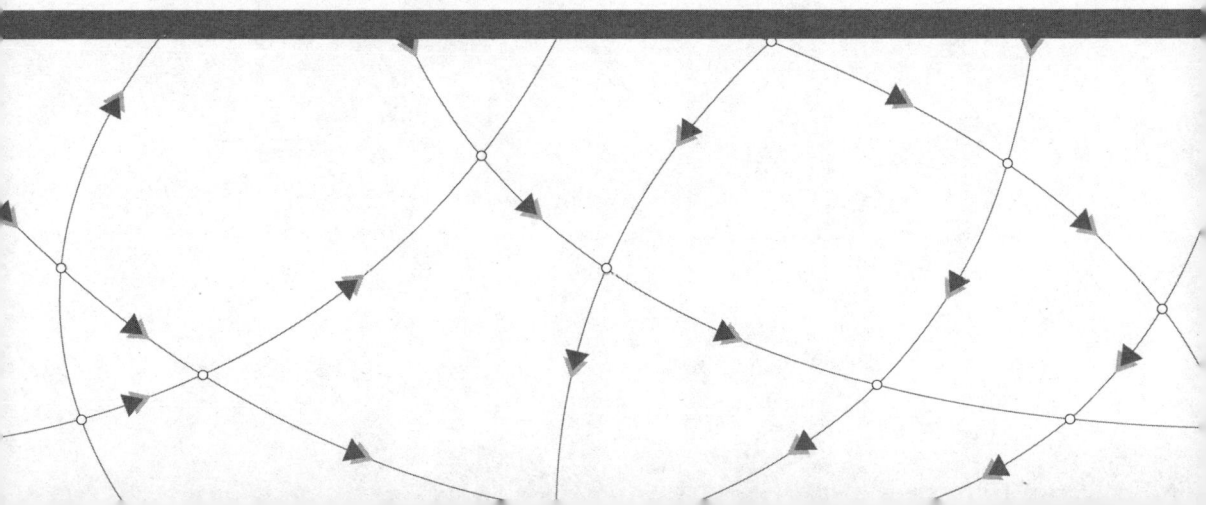

5.1 量子通信的基本原理与优势

量子通信是如何实现的？如何保证信息传输的安全性？要想了解这些问题，我们首先需要了解量子通信的基本原理与优势。

5.1.1 基本原理：量子纠缠+不确定性

传统通信往往通过电子或光子的传输实现，而量子通信则是基于量子纠缠、量子不确定性等原理实现。

1. 量子纠缠

量子纠缠是量子通信的基础。在量子纠缠状态下，两个或多个量子会相互依赖、相互关联。这能够为信息传输提供助力。

在量子通信领域，通过建立量子之间的纠缠态，发送方的信息可以被分发到身处异地的接收方那里，从而实现两地之间的信息传输。在此过程中，一个量子的状态发生变化，与之纠缠的另一个量子的状态也会瞬间变化，不论这两个量子之间的距离有多远。在量子力学中，这种"瞬时相互作用"是一种非经典现象，却是量子通信具有加密功能的关键。

传统的加密功能是通过密码给信息加密，通常密码越复杂，破解密码的难度越高。即使密码再复杂，都有被破解的可能。利用量子纠缠生成的则是随机的密钥，在传输信息时，发送方不知道密钥，不法分子也无法破解。

2. 量子不确定性

量子不确定性是量子通信中的另一个基本原理。根据量子力学中的不确定性原理，任何测量都会对量子态造成影响，而且通常精度越高的测量，对量子态的干扰越明显。简单来说，两个人传输信息时，如果有第三方试图窃取这些信息，那么量子态会受到一定程度的干扰，从而对整个量子系统造成影响，使其无法重现这些信息。得益于不确定性原理，信息难以被窃取，发送方和接收方之间的信息传输十分安全。

综上所述，量子通信利用量子纠缠和量子不确定性，有效地解决了信息被窃取等安全问题，确保了信息在传输过程中的安全性和可靠性。

5.1.2 核心优势：安全+快速传输+抗干扰

量子通信的实现涉及诸多环节，其通信系统基本架构如图 5-1 所示。

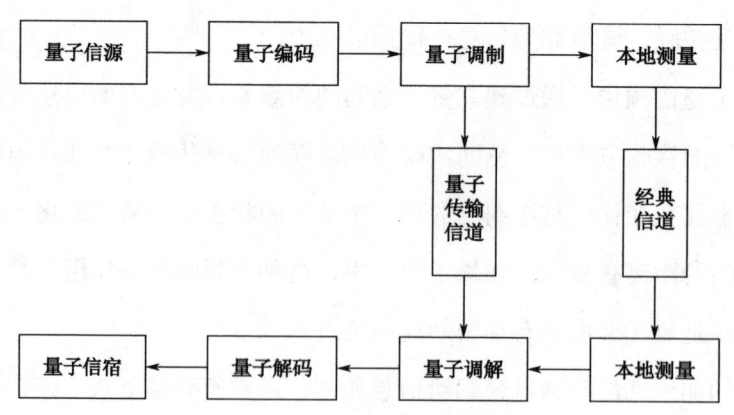

图 5-1 量子通信系统基本架构

第 5 章　量子通信：隐秘传输保证传输安全

量子通信系统的整个通信过程可以从发送端、接收端两个方面理解。在发送端，量子信源产出的消息通过量子编码转为量子比特，量子比特通过量子调制得到以量子态为载体的量子信息，量子信息借助量子信道实现传输。此外，量子调制的经典信息通过经典信道实现传输。接收端将收到量子信道传递的量子信息和经典信道传递的经典信息。这些信息通过量子调解、量子解码后，形成接收端最终获得的信息。

基于以上通信系统，量子通信具有诸多优势，主要体现在以下几个方面。

首先，量子通信具有很高的安全性。量子通信基于量子态的测量原理和量子密钥分发实现，而量子密钥具有不可复制性。一旦有人窃取密钥，量子态和信息通道就会被破坏，从而被通信双方察觉。同时，量子通信具有很好的隐蔽性，没有电磁辐射，无法被无线监听或探测，进一步保证了通信安全。

其次，量子通信能够实现信息快速传输。在量子通信过程中，光子直接携带信息实现传输，没有传统通信中信息多次转发的过程，信息传输速度更快。

最后，量子通信具有很强的抗干扰性。传统通信方式存在电磁波干扰、信号衰减等问题，而在量子通信中，量子态在量子通道中进行传输，不会受到外界的干扰。这使得量子通信能够实现更远距离的信息传输。这一优势使得量子通信具有广泛的应用场景，可以实现太空中的通信、海底的通信等。

基于以上优势，量子通信展现出巨大的发展与应用潜力。随着技术不断突破，量子通信将在未来实现进一步发展，并在更多领域实现应用。

5.2 两大技术路径

量子通信的实现有两大技术路径：量子密钥分发和量子隐形传态。量子密钥分发基于量子态传输实现量子通信，量子隐形传态基于量子纠缠实现量子通信。

5.2.1 量子密钥分发：实现加密通信

量子密钥分发是量子通信的主要方式之一。通过量子态的传输，身处两地的用户共享密钥，利用该密钥对信息进行严格加密，进而实现不可窃听、不可破译的安全通信。

从传输路径上来看，量子密钥分发与传统对称密钥分发有很大的不同，更能保证信息传输的安全性。传统对称密钥分发如图5-2所示。

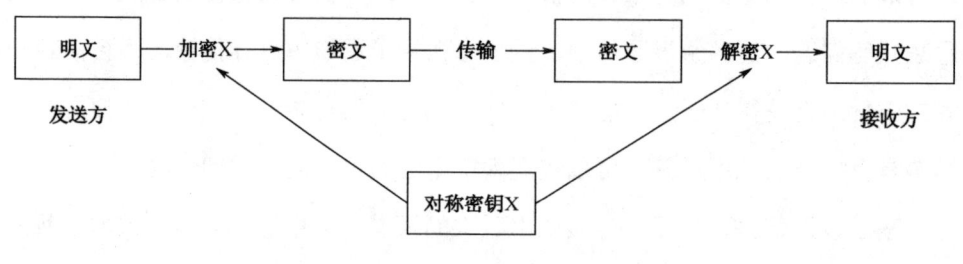

图5-2 传统对称密钥分发

在传统的对称密钥分发过程中，发送方写好明文，借助加密算法和密钥将其转为密文。接收方借助解密算法和密钥解密密文，从而得到明文。在传输过程中，除了密文外，密钥也需要传输给接收方，存在密钥泄露的问题。

而量子密钥分发能够避免密钥泄露的问题，其流程如图 5-3 所示。

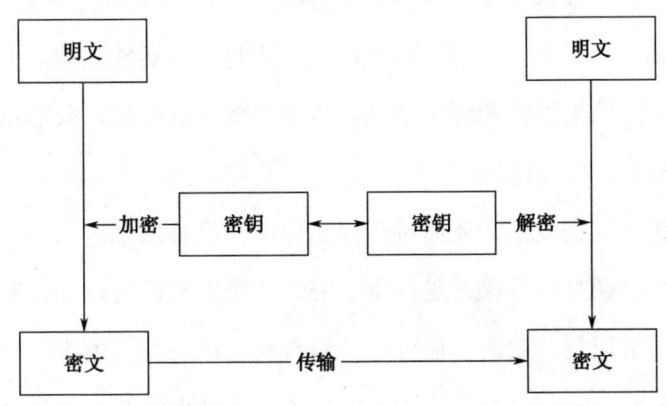

图 5-3　量子密钥分发流程

在量子密钥分发中，通信双方能够获得一对随机的量子密钥。借助量子密钥，发送方将明文转为密文，接收方需要解密收到的密文，以获得明文。量子密钥分发不涉及密钥从发送方到接收方的传递，更能保证通信安全。

量子密钥分发之所以能对信息进行加密传输，主要是基于量子力学原理。具体而言，信息发送方向信息接收方发送随机的单光子，接收方会对这些单光子的状态进行测量，然后得到一串随机数，即量子密钥。在此过程中，量子纠缠发挥了巨大作用。

在量子纠缠的影响下，如果有不法分子试图窃取信息，那么量子态就会崩溃，窃取信息这一行为就会被发现。如果量子态没有崩溃，则接收方会通过量子密钥对信息进行解密，通信安全性和可靠性有保障。

要实现量子密钥分发，BB84 协议是必不可少的工具。1984 年，查理斯·贝内特与吉勒·布拉萨提出 BB84 协议。这个协议是一种经典的量子密钥分发协议，其核心思想是：A 和 B 在通信前先通过量子信道传输一组量子态（这组量子态是随机的）。如果以单光子作为量子态载体，那对应的量子信道通常是光纤。然后，A 和 B 再通过公共信道，如无线电、因特网等传输信息，并建立一组双方共享的量子密钥来加密和解密信息。这里需要注意的是，公共信道的安全性通常不在双方的考虑范围内。

量子密钥分发完成后，还需进行信息协调和隐私增强。

（1）信息协调是一种很常见的量子密钥纠错方式，可以保证发送方和接收方共享的量子密钥是一致的。信息协调通常发生在公共信道中，由于信息可能被不法分子窃取，因此公布的量子密钥相关事项越少越好。如果公共信道出现噪声，或者不法分子窃取信息导致量子密钥出现错误，那错误的部分会被删除。这就意味着，信息协调后的量子密钥更短。

（2）隐私增强的作用是减少或消除不法分子窃听到的量子密钥信息。这部分信息可能是在量子密钥传输过程中被窃取的，也可能是后期通过公共信道进行信息协调时被窃取的。隐私增强可以利用发送方和接收方手中的量子密钥，生成一个更短的新量子密钥。这样一来，不法分子就无法得知真正的密钥。

如今，量子密钥分发已经实现了商业化，在金融、政务等领域发挥了一定的作用。经过长期的技术攻关，2023 年 5 月，我国科学家实现了光纤中 1002 公里点对点量子密钥分发。这实现了更远距离的量子密钥分发，为量子密钥网络搭建提供了新方案。未来，量子密钥分发将为政府之间、金融机构之间的保密通信提供更多助力。

5.2.2 量子隐形传态：保证绝对安全

量子隐形传态是一种利用量子纠缠特性将量子态传输到另一地点，而不必传输载体本身的技术，是量子通信领域的重要协议之一。

量子隐形传态的核心思想是：发送方和接收方先制备一对处于纠缠态的粒子（如甲和乙）；发送方拥有粒子甲，接收方拥有粒子乙；发送方为粒子甲做测量，并把测量方法告诉接收方；接收方通过同样的方法测量自己手中的粒子乙。这样，粒子乙和粒子甲就有了同样的量子态。

基于此，发送方和接收方不必传输粒子本身，把粒子的量子态传输过去就可以。借助量子纠缠，接收方可以获得纠缠态的粒子，也能知道发送方测量粒子的方法。在此基础上，接收方就可以创造出原物的复制品，从而获得自己想要的信息。

目前，量子隐形传态领域已经取得了很多成绩。例如，在光纤通道中，量子隐形传态的距离已经超过 100 公里；在自由空间通道中，借助卫星和地面之间的量子纠缠，量子隐形传态的距离已经达到 1400 公里。这些成绩推动了量子通信的发展，为在全球范围内建设量子互联网奠定了基础。此外，在高效率的信息编码协议（包括超密编码、密集编码等），以及量子密钥分发方面，量子隐形传态也发挥很大作用。

量子隐形传态价值凸显，已经取得了很多成果，但仍面临一些挑战。对此，研究人员应想方设法提高量子态的质量和数量，保证量子测量的效率和准确度，这样才能使量子隐形传态更真实、成功率更高。另外，研究人员还需要不断探索更高维度、更复杂量子态的隐形传态，以及更多领域和平台的隐形传态，如固态系统、超导系统、原子系统等，以推动量子隐形传态为量子科技带来更多的突破和创新。

5.3 量子通信的多重应用场景

量子通信具有广泛、多样化的应用场景，能够在金融、医疗、电网等多领域落地。当前，在这些领域，已经出现了一些代表性的量子通信落地实践。

5.3.1 金融领域：实现高安全性金融交易

金融领域对信息保密性要求较高，需要安全可靠的通信技术。而量子通信对保障金融数据安全、实现金融数据高速传输具有重要意义。具体而言，量子通信能够通过以下方式提升金融交易的安全性，如图 5-4 所示。

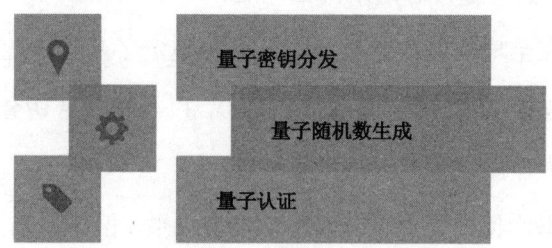

图 5-4　量子通信提升金融交易安全性的方式

第 5 章　量子通信：隐秘传输保证传输安全

1. 量子密钥分发

金融机构能够利用量子密钥分发保证金融交易中数据传输的安全性。利用量子密钥分发技术，金融机构能够安全地传输交易的密钥，避免不法分子窃取密钥。

2. 量子随机数生成

金融交易中常常涉及随机数生成和使用。传统的随机数生成方法存在可预测性，难以满足金融交易对高安全性的需求。而量子随机数生成能够确保随机数不可预测，更加安全。金融机构可以利用量子随机数生成增强密码学算法的安全性，确保金融交易的机密性。

3. 量子认证

量子认证指的是利用量子通信系统验证通信双方的身份和信息的一种技术。在金融交易中，金融机构与客户的身份与信息验证非常重要，而利用量子通信系统验证身份和信息，能够有效防止欺诈行为。同时，量子认证还能保证在信息传输过程中信息不会被篡改，保证交易的安全性。

在量子通信技术应用方面，工商银行已经率先进行了探索。工商银行将量子随机数生成应用于支付结算、资金交易等金融场景中，并对客户信息进行校验。与传统随机数生成方式相比，量子随机数生成会查验客户的身份，有效防范网络攻击，保证金融交易的安全性和客户权益。

工商银行基于量子通信实现了一些分行电子档案信息的同城加密传输，保障了信息传输的安全性。基于量子保密通信骨干网络，工商银行将量子通信技术应用到京沪异地广域网中，实现了网上银行异地数据的量子加密传输，赋能

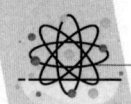

网上银行业务。

未来,随着量子通信技术的发展,除了工商银行外,更多金融机构将引入量子通信技术,以更先进的金融科技赋能自身业务。

5.3.2 医疗领域:保护患者隐私与医疗数据

随着互联网、物联网、云计算等技术的发展,医疗机构实现了信息化发展,线上诊疗、电子病历等数字化业务陆续上线。医疗机构的信息化系统越来越复杂,引发了数据安全问题。一旦医疗机构的数据被泄露、被破坏,不但对医患双方的隐私安全造成威胁,还会影响医疗机构的声誉,造成不良的社会影响。因此,数据安全成为医疗机构信息安全建设的重点。

量子通信具有传统通信所不具备的安全性,在医疗领域具有巨大应用潜力。通过量子加密,医疗信息能够更安全地被存储或被传输。在这方面,量子科技公司九州量子已经进行了探索,且相关解决方案已经落地。

九州量子和温州医科大学附属第一医院(以下简称"温附一医院")合作,为其提供量子加密解决方案。九州量子基于温附一医院的切实需求,结合自身在量子加密领域的技术积累,并依托自主研发的量子云盾、密钥云终端等产品,为温附一医院的重要医疗数据提供全面的量子安全防护。

针对温附一医院的医疗自助一体机终端,九州量子在不改变当前安全防护架构的基础上,通过在该终端前接入密钥云终端设备,实现了该终端到医院数据中心间身份信息的验证,同时还对该终端到医院数据中心的通信网络进行了量子加密。在设计中,九州量子使用量子随机数加密数据,实现了医疗数据更

高级别的安全防护，能够有效防止网络攻击。

九州量子还为温附一医院部署了量子云盾设备，提供量子加密服务，进而实现了医院网络的安全通信。在安全网络下，医院中的重要医疗数据、敏感信息等能够实现安全传输。同时，温附一医院接入量子云盾的量子安全大脑，对数据中心的信息系统进行监管，以实时感知其安全态势。

除了九州量子和温附一医院合作探索外，中国医科大学附属第四医院（以下简称"中国医大四院"）和中国科学院量子信息重点实验室联合成立医疗量子安全研究项目小组，携手进行医疗领域量子保密通信研究。安徽问天量子科技股份有限公司（以下简称"问天量子"）作为中国科学院量子信息重点实验室的代表，与中国医大四院共同打造量子密码安全实验室，共同进行量子与医疗融合方面的应用研究。

量子密码安全实验室融合中国医大四院的医疗数据资源、问天量子在量子通信领域的理论研究成果和技术能力，聚焦医院外部网络的保密通信、医院内部的数据存储保障、量子身份认证等方向进行研究，以解决医疗场景中的信息安全问题。

未来，随着研究成果的出现和应用，医疗数据将实现更高安全级别的可靠传输与隐私保护，满足医疗机构的网络安全防护需求。

5.3.3 电网领域：提升电网安全性与智能性

长期以来，传统电网面临数据传输难、存在潜在安全威胁等问题。而量子通信与电网结合，能够破解这些难题，提升电网的安全性和智能性。

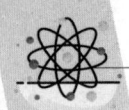

量子通信如何与电网相结合,助力电网建设?在这方面,国盾量子与国家电网合作,进行了深度探索。

量子通信在国家电网的应用,主要体现在数据安全通信方面。国盾量子助力国家电网对数据进行量子加密,实现数据的安全传输。

国家电网有自己的通信网络,但随着业务的拓展、智能配电终端的应用等,也会涉及与外网的对接。而量子通信能够对整个电网通信系统进行加密,无论是内部网络运转,还是内部网络与外部网络的对接,都可以在安全的信息通信网中进行。

针对电力系统存在的电力孤岛问题,国盾量子也给出了解决方案。受地势影响,一些地区的电网线路供电半径大、网架结构单一,在发生线路故障问题时往往会长时间影响附近用户用电。针对这一难题,国盾量子自主研发远程控制模块,以"量子+"遥控发电机方案替代此前的末端联络方案,使区域内配电网具备独立微网运行功能。

在电力孤岛背景下,资源与信息传输往往通过无线方式进行,存在一些限制。而量子通信技术能够广泛地应用于需要无线传递信息的场景中,打破这些限制。在线路出现故障时,"量子+"遥控发电机方案能够在保障用户端不停电的前提下,对线路进行检修与改造。

这一解决方案基于量子通信与电网的结合,既解决了电力孤岛的问题,又有效降低了成本。该方案通过无线方式运行,节省了铺设光纤的成本,在管理上实现无线远程操控,节省了人力成本。

在合作过程中,国盾量子还为国家电网提供量子加密安全服务平台。该平台是量子密钥分发网络的延伸,解决的是数据传输"最后一公里"的问题。传统网络通信基于光纤网络进行密钥传输,但城市内网络通信的信息传输距离较近,通过光纤网络传输的成本较高。针对此问题,国盾量子推出了基于无线的数据加密传输方案。

该方案除了需要量子加密安全服务平台的支持外,还需要量子加密智能开关的助力。相较于人工控制的传统开关,量子加密智能开关能够实现智能化的信息收集与远程控制。同时,其还具有故障诊断功能,能够防范故障、对故障进行预警等。量子加密智能开关具备量子模块,能够将控制指令、采集的数据等加密上传,降低安全风险。

除了以上探索外,国盾量子也在积极探索量子通信与无人机的结合,尝试将量子通信融入无人机平台,在无人机数据采集、远程控制方面实现更高的安全性。未来,国盾量子将紧跟电网的需求,将更多的量子通信技术融入电网系统,提高电网的安全性和智能性。

5.3.4 量子安全新应用:量子通信定制版手机

2023年11月,2023数字科技生态大会如期举行。在此次大会上,中电信量子集团公开了一款量子安全新应用——华为Mate 60 Pro量子密话定制终端。华为Mate 60 Pro量子密话定制终端具有三大保护机制,如图5-5所示。

1. 国产芯片

国产芯片为华为Mate 60 Pro量子密话定制终端提供了算力支持与安全保障。采用国产芯片不仅能够降低成本,还能够保证供应链的可控与高效运转。

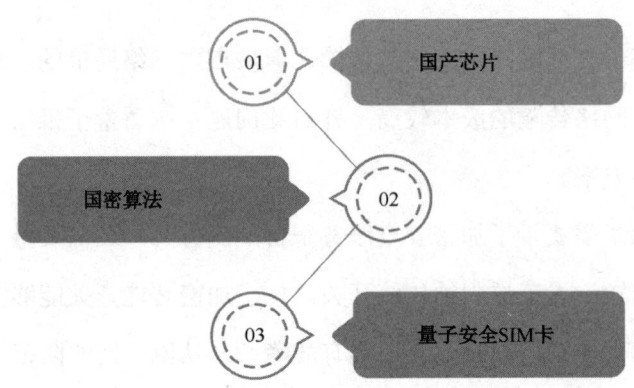

图 5-5　华为 Mate 60 Pro 量子密话定制终端的三大保护机制

2. 国密算法

国密算法是一种我国自主研发的加密技术，在多个领域实现了应用。其在华为 Mate 60 Pro 量子密话定制终端中的应用提升了通信的安全性，用户不必担心信息在传输过程中被破解。

3. 量子安全 SIM 卡

量子安全 SIM 卡是华为 Mate 60 Pro 量子密话定制终端的重要组件，具有更高的安全性。基于量子密钥分发技术，量子安全 SIM 卡保证了不同的通话会生成不同的密钥，同时能够在通信过程中实时加密。在这种情况下，即使通信信号被截获，通信内容也无法被破解。

除了以上保护机制外，华为 Mate 60 Pro 量子密话定制终端还具有量子密话功能。在该功能下，通话双方的语音数据将被实时加密，避免内容被窃听。同时，华为 Mate 60 Pro 量子密话定制终端还配备了量子密信 App，支持用户使用其中的加密文件传输、安全协调办公等功能。这使得企业敏感数据传输、用户间私密交流的安全性得到保障。

华为 Mate 60 Pro 量子密话定制终端的出现,是量子通信领域的里程碑事件。通过自主研发,中国电信将量子通信与手机终端结合,为用户通信提供安全保障。随着量子通信技术的发展,更多创新成果将会涌现,为用户提供更加安全、便捷的通信服务。

第 6 章
量子传感：为探索微观世界提供工具

随着科学技术的飞速发展，人类对微观世界的探索更加深入。在探索过程中，科学家一直在寻求更精确、更灵敏的工具。量子传感技术集成了现代物理学、工程学、材料学等诸多学科，为这一探索提供了强大的支持。它不仅能够揭示微观世界的奥秘，还为多个领域的研究提供了前所未有的机遇。

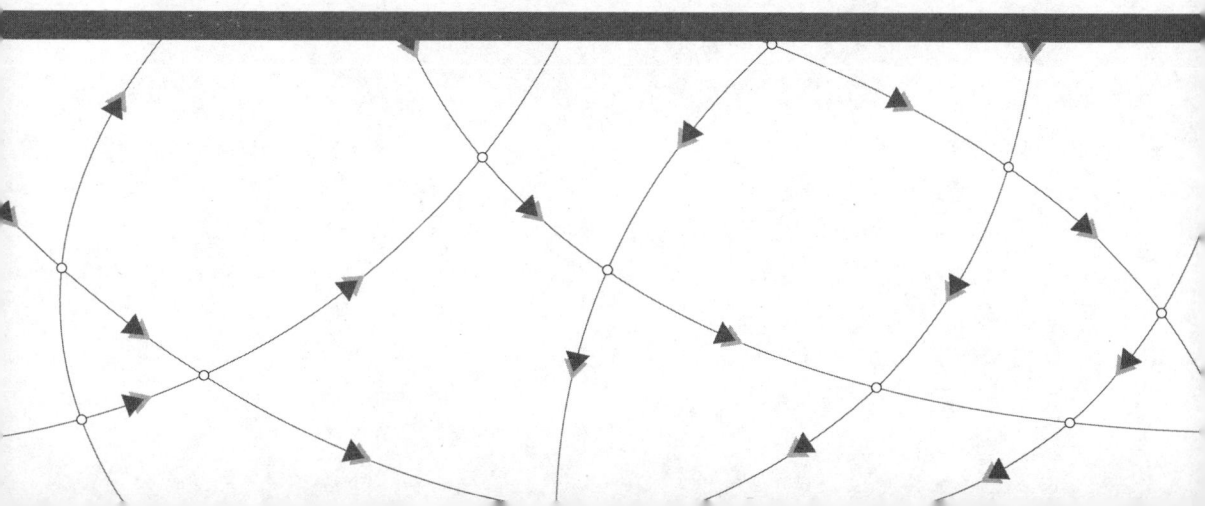

第 6 章 量子传感：为探索微观世界提供工具

6.1 量子传感的原理与优势

量子传感是一种基于量子力学原理的先进测量技术，近年来在科研和工业领域得到广泛应用。量子传感以基于量子效应的高精度测量能力，以及高灵敏度、安全性等特性，正逐步揭开未知世界的神秘面纱，推动科技领域持续发展与革新。它不仅在基础科学研究中发挥关键作用，还在实际应用中展现出巨大的潜力和价值。

6.1.1 运作原理：通过量子效应实现高精度测量

量子传感利用量子态的叠加、纠缠等特性，实现对目标物理量的精确测量。具体来说，量子传感通过将一个或多个量子比特置于待测物理场中，使量子比特与目标物理量发生相互作用。这种相互作用会导致量子比特的状态发生变化，从而反映出待测物理量的信息。

通过读取量子比特的状态信息，就可以获取待测物理量的具体数值。在这个过程中，量子态的叠加和纠缠等特性发挥关键作用。叠加使量子比特可以同时处于多种状态，从而提高测量的精度；而纠缠则使不同量子比特之间产生较强的关联性，有助于提取出更多信息。

量子传感的高精度测量能力得益于量子效应。量子效应是量子力学中的一种重要现象，它描述了微观粒子（如电子、光子等）的行为特性。与经典物理

95

学中的宏观物体不同，微观粒子具有波粒二象性、量子叠加态、量子纠缠等特性。这些特性使得量子效应在测量领域具有独特的优势，能够实现比传统方法更高精度的测量。

量子传感技术的运作原理复杂而精妙，关键在于对量子效应的深度应用。研究人员精心构建实验装置，运用先进的量子控制技术，将量子系统调控至特定状态。然后，通过高度灵敏的测量手段对量子系统的状态进行监测和分析，从而提取出所需的物理量信息。

以量子光学传感器为例，它利用量子的波动性和粒子性，实现了对光的强度、相位、偏振等特性的超高精度测量。这在激光通信、量子成像、量子雷达等领域发挥着至关重要的作用，为信息传输、目标探测等提供了前所未有的精度和可靠性。

量子传感具体可应用于哪些场景呢？如图 6-1 所示。

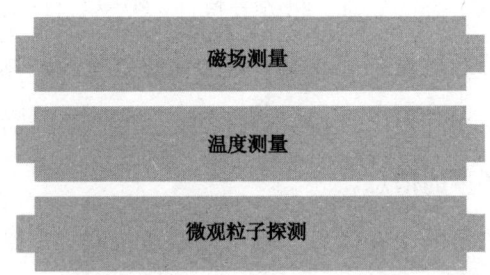

图 6-1　量子传感可应用的场景

1. 磁场测量

量子传感可以实现对磁场的高精度测量，如生物磁场、地球磁场等。通过利用量子比特与磁场的相互作用，可以实现对磁场的精确探测和成像。

第 6 章　量子传感：为探索微观世界提供工具

2. 温度测量

量子传感也可以用于温度测量，如高温超导材料的温度分布、微纳结构中的热传导等。量子比特对温度敏感，因此可以通过监测量子比特的状态来精确测量温度。

3. 微观粒子探测

量子传感在粒子物理学领域也有广泛应用，如探测暗物质粒子、中微子等。通过利用量子比特与粒子的相互作用，可以实现对粒子的精确探测和识别。

作为一种前沿科技，量子传感技术具有独特的运作原理和高精度测量能力，在许多领域具有广阔的应用前景。随着量子科技不断发展，我们有理由相信，量子传感技术将在未来发挥更加重要的作用，为人类社会的发展进步贡献更大力量。

6.1.2　三大优势：高精度+高灵敏度+安全性

量子传感技术以独特的优势，成为科研和工业领域的热门话题。具体而言，量子传感具有高精度、高灵敏度和安全性三大优势，应用潜力巨大。

1. 高精度

高精度是量子传感技术的核心优势。量子传感技术能够探测到极其微小的物理量变化，实现精确测量。例如，量子光学传感器可以精确测量光的波长、相位等参数，其精度达到纳米级别甚至更小的尺度。

利用量子叠加态和纠缠态等特性，量子传感技术能够实现对磁场、电场、

温度等物理量的超高精度测量。例如，在磁场测量中，量子传感器能够精确捕捉到微弱的磁场变化，为科学研究和技术应用提供强大的支持。

2. 高灵敏度

量子传感的另一个显著优势是高灵敏度。量子系统对外界环境的微小变化极为敏感，量子传感技术能够在极短的时间内捕捉到这些变化。例如，在地质勘探领域，量子传感技术可以通过测量地下岩石中的磁场、电场等物理量，来推断出地下矿藏的存在和分布情况，实现对地下矿藏、油气等资源的精确探测，为资源开发和环境保护提供重要依据；在环境监测和灾害预警领域，通过监测地震活动产生的微弱磁场变化，量子传感器可以进行地震预警，保障人们的生命财产安全。

3. 安全性

安全性是量子传感技术的又一重要优势。传统传感技术往往存在安全隐患，如信号干扰、信息被窃取和篡改等。而量子传感技术基于量子纠缠和量子密钥分发实现，能够实现高度安全的信息传输和数据处理。这种安全性使得量子传感在国防安全、金融交易以及网络通信等领域具有巨大的应用潜力。

量子传感技术的发展还受到量子计算、量子通信等其他量子技术的影响，这些技术的相互融合将为量子传感技术的发展提供更多可能性和创新空间。随着技术不断成熟，量子传感技术在诸多领域展现出应用价值。

但是量子传感技术的发展也面临一些挑战，如成本高昂、理论研究不够深入、实验条件有限、商业化落地速度慢等。为了克服这些挑战，科研人员需要不断进行技术创新和研究，以推动量子传感技术实现可持续发展。

第 6 章　量子传感：为探索微观世界提供工具

总之，量子传感技术以高精度、高灵敏度和安全性三大优势，为很多领域的发展提供了强大的支持，给它们带来了前所未有的机遇。

6.2　四大场景，实现精密传感

基于量子的特殊性质，量子传感技术能够在很小的刻度下实现高精度的测量，给众多领域带来了革命性的变革，如精密测量、精密定位与导航、生物医学检测、环境监测等。量子传感技术在这些领域的应用不仅推动了它们的发展，还为人类探索未知世界提供了新的工具。随着量子技术不断发展，量子传感技术将发挥更加重要的作用，给人类带来更多惊喜。

6.2.1　精密测量：实现时间、磁场多领域的测量

与传统传感技术相比，量子传感具有更高的灵敏度、更低的噪声干扰和更强的抗干扰能力，在精密测量领域具有广阔的应用前景。

在时间测量方面，量子传感技术可以实现极高的时间分辨率和稳定性，为原子钟等高精度时间设备的发展提供有力支持。原子钟是量子传感技术的代表性应用，利用原子的能级跃迁频率作为时间基准，具有很高的精度和稳定性。相较于传统的机械钟或电子钟，原子钟的时间测量精度可达纳秒甚至亚纳秒级，为时间测量树立了新的标杆。

在通信领域，高精度的时间测量同样发挥着重要作用。在光纤通信中，时

间同步是保证信号传输质量的关键。量子传感技术能够确保光纤通信的时间同步，有效缩小信号传输过程中的误差，提高通信质量。

在雷达探测领域，量子雷达相比传统雷达更具优势。量子雷达基本组成框架如图 6-2 所示。

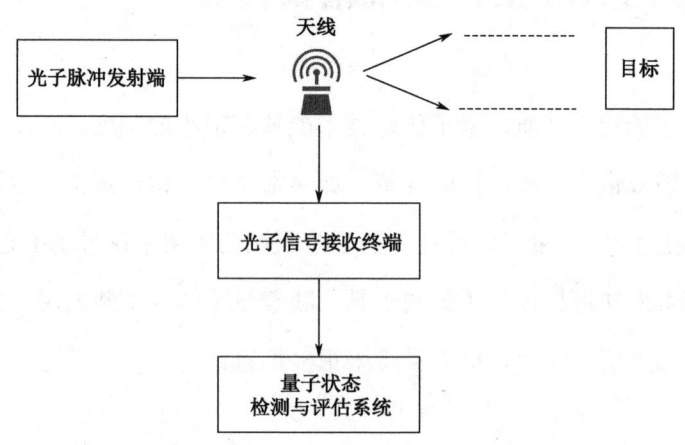

图 6-2　量子雷达基本组成框架

电磁场微观量子是量子雷达的信息载体，发射由光子组成的探测信号。接收端通过光子信号接收终端接收信号，并借助量子状态检测与评估获得信号光子态中的物体信息。量子传感技术为雷达探测提供了更精确的时间测量手段，使得雷达系统能够更准确地探测和识别目标，提高了探测能力。

在磁场测量方面，量子传感技术同样展现出卓越的性能。超导量子干涉器件（SQUID）是一种典型的量子传感器，具有很高的灵敏度和分辨率。SQUID利用超导材料中的量子干涉效应，实现对微弱磁场的精确测量。

为了更好地理解量子传感技术在磁场测量中的优势，我们可以将其与传统的磁场测量技术对比。传统的磁场测量技术，如霍尔效应传感器、磁通门传感器等，虽然在一定程度上能够满足磁场测量的需求，但在灵敏度、精度和稳定性等方面仍有局限。

而量子传感技术，尤其是 SQUID 的应用，则能够实现对微弱磁场的超高灵敏度测量，为科学研究提供了更为精确的数据支持。

通过不断的研究和创新，我们有理由相信，量子传感技术将在未来为人类社会带来更加精确、高效和智能的测量手段，推动科学技术和工业生产持续进步。

6.2.2 精密定位与导航：提高定位与导航的精度

在科技飞速发展的背景下，人类对精确度和灵敏度的要求越来越高，特别是在定位与导航场景中。量子传感技术的出现无疑为这一领域带来了革命性的突破。它凭借独特的优势，提高了定位与导航的精度，为众多行业带来了前所未有的发展机遇。

在定位领域，量子传感技术能够提供更加精确的位置信息。传统的定位技术，如 GPS（Global Positioning System，全球定位系统）、北斗等，虽然已经取得了显著成就，但在某些特殊环境下，如城市高楼密集区域、水下或地下等，信号受到干扰或遮挡，定位精度会受到限制。而量子传感技术则能够在这些复杂环境中实现更准确的定位。例如，利用量子纠缠的特性，可以实现超远距离的精确测量。此外，量子传感技术还可以结合其他技术，如惯性导航、光学成像等，进一步提高定位精度。

在导航领域，量子传感技术同样具有广阔的应用前景。传统的导航技术主要依赖于卫星信号或地面基础设施，在一些特殊情况下，如卫星信号被干扰或地面设施被破坏时，导航系统的可靠性将受到影响。而量子传感技术则可以在这些极端条件下实现自主导航。

量子传感技术的高精度测量能力，可以实现对环境参数的实时监测和分析，如磁场、重力场等。结合先进的算法和数据处理技术，量子传感技术还可以实现自主导航和路径规划。这对实现深海探测、星际航行等极端环境下的精准导航具有重要意义。

尽管量子传感技术在定位与导航领域具有巨大的潜力，但仍面临一些挑战。首先，量子系统的稳定性和可靠性是当前亟待解决的问题。其次，量子传感技术的成本较高，限制了其在实际应用中的普及。最后，量子传感技术的理论基础和技术框架仍需进一步发展和完善。

6.2.3 生物医学检测：提高检测诊断准确率

量子传感技术可以应用于生物医学检测，提高检测诊断准确率。量子传感技术在生物医学检测方面具有诸多优势。首先，量子传感技术具有高灵敏度、高分辨率的特点，能够实现对生物分子、细胞等微观粒子的精确检测。其次，量子传感技术具有高特异性，能够实现对目标分子的准确识别，降低误诊率。最后，量子传感技术具有实时监测能力，可以实现对生物过程的动态监测，为疾病研究和治疗提供有力支持。

量子传感技术在生物医学检测领域的具体应用如图6-3所示。

第 6 章　量子传感：为探索微观世界提供工具

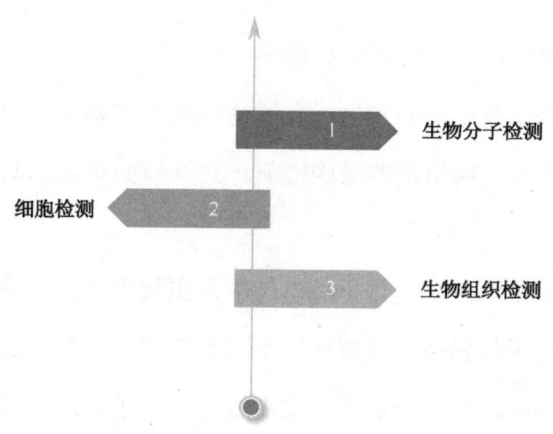

图 6-3　量子传感技术在生物医学检测中的应用

1. 生物分子检测

量子传感技术可以应用于生物分子检测，如蛋白质、核酸等。通过利用量子点的荧光性质，量子传感技术可以实现对生物分子的高灵敏度、高特异性检测。例如，利用量子点标记的抗体，可以实现对特定蛋白质的精确检测，为疾病的早期诊断提供有力支持。

2. 细胞检测

量子传感技术还可以应用于细胞检测。通过利用量子点的光学性质，实现对细胞的高分辨率成像，从而观察细胞的形态、结构、功能等。这对研究细胞生物学、疾病发生机制等方面具有重要意义。此外，量子传感技术还可以应用于细胞间相互作用研究，为药物研发和疾病治疗提供新思路。

3. 生物组织检测

在生物组织检测方面，量子传感技术同样展现出巨大潜力。通过利用量子点的穿透性和荧光性质，实现对生物组织的高灵敏度、高分辨率成像。这对研究组织结构、功能以及疾病的发生、发展过程具有重要意义。例如，利用量子传感技术可以实现对肿瘤组织的精确检测，为肿瘤的早期诊断和治疗提供有力支持。

随着科学技术不断进步，量子传感技术在生物医学检测领域的应用前景更加广阔。未来，量子传感技术有望在以下几个方面实现突破：

（1）提高检测灵敏度和分辨率，实现对生物分子、细胞等微观粒子更精确的检测。

（2）降低检测成本，稳定性和可靠性更高，在临床应用方面得到普及。

（3）应用领域进一步拓展，应用于更多类型的生物医学检测中，如基因测序、蛋白质相互作用研究等。

总之，量子传感技术在生物医学检测领域具有广泛的落地场景，以其独特的优势提升了检测诊断准确率，为生物医学的发展带来了新的机遇。

6.2.4 环境监测：对环境气体、变化进行监测

量子传感技术正逐渐渗透各个领域，在环境监测方面也展现出巨大的潜力和独特的优势。

在空气质量监测中，量子传感器可以精确测量大气中二氧化氮、二氧化硫、臭氧等污染物的浓度。这些污染物对人类健康和环境生态都有很大的危害，而量子传感技术的精确监测可以帮助我们更好地了解污染状况，从而及时采取应对措施。

第6章 量子传感：为探索微观世界提供工具

此外，量子传感技术还可以应用于监测温室气体排放。通过测量大气中二氧化碳、甲烷等温室气体的浓度，我们可以了解人类活动对气候变化的影响，从而采取有效的措施来减缓气候变暖的速度。

除了空气质量监测和温室气体排放监测外，量子传感技术还可以应用于水质监测、土壤监测、生态监测等多个方面。

在水质监测中，量子传感器可以检测水中的重金属、有机物等污染物，从而评估水体的污染程度；在土壤监测中，量子传感技术可以测量土壤的水分、养分、盐分等参数，为农业生产和土地规划提供重要的参考数据；在生态监测中，量子传感器可以实时监测生态系统中的生物量、生物多样性等关键指标，帮助我们更好地了解生态系统的健康状况。

芯视界（北京）科技有限公司（以下简称"芯视界"）凭借其前瞻性的研发理念和强大的技术实力，逐渐成为量子点光谱传感芯片及物质光谱信息大数据库领域的领军企业。

以芯视界的水环境监测终端设备为例，这款产品充分利用了量子点光谱传感技术的优势，实现了在管井中进行水质监测和水质传感。通过将该设备放置在管网中的关键节点，可以实时、准确地获取水质数据，从而为管网的管理和维护提供有力的支持。

值得一提的是，芯视界的水环境监测终端设备还实现了管网监测设备的微型化。这意味着，在不影响监测效果的前提下，设备的体积和重量都大幅减小，这对提高管网监测效率、降低运营成本具有重要意义。

芯视界还打造了"厂—网—河—湖"一体化智慧解决方案，基于这一方案，城市排水管网的智慧化运维管理水平显著提升。这一方案不仅实现了数据互通和共享，还提高了城市水环境监测的准确性和稳定性。随着技术不断进步和应用场景的扩大，芯视界将继续完善和优化这一方案，为城市可持续发展贡献更多力量。

6.3 量子传感探索加深，突破性应用显现

量子传感技术是当代物理学和工程学领域一颗闪耀的明星。通过持续深入的研究与广泛的应用实践，人们对这一技术有了更加深刻的认识。在此基础上，其在众多领域的潜在应用价值日益凸显，突破性应用层出不穷。

6.3.1 量子精密测量技术覆盖多领域

很多科技企业都推出多样化的量子精密测量解决方案，为科研、工业、医疗等领域带来了革命性的变革。

量子精密测量是一种基于量子力学原理的测量方法，具有很高的精度和灵敏度。它在诸多领域都具有广泛的应用价值，如物理、化学、生物、材料科学等。借助量子精密测量技术，我们可以更加深入地了解微观世界的基本规律以及物质的本质属性，推动科学技术的发展。

量子精密测量技术以其独特的优势，为科研领域带来了前所未有的突破。传统的测量技术往往受限于测量精度和速度，而量子精密测量技术则利用量子力学原理，实现更高的测量精度和更快的测量速度。这使得科研工作者能够更

准确地观测和描述微观世界的现象,推动科学研究向更深层次发展。

在科研领域,量子精密测量技术为科学家提供了强大的研究工具。例如,在量子计算、量子通信、量子模拟等领域,量子精密测量技术可以帮助科学家实现对量子系统的精确操控和观测,推动这些领域的研究取得更大的突破。此外,量子精密测量技术还可以应用于粒子物理、凝聚态物理、光学等领域,为这些领域的实验研究提供强有力的支持。

在工业领域,量子精密测量技术同样具有巨大的潜力。随着量子科技不断发展,越来越多的工业企业开始探索将量子精密测量技术应用于产品研发、生产过程优化等方面。例如,在半导体制造、精密仪器制造等领域,量子精密测量技术可以帮助企业实现产品质量精确控制和生产流程优化,提高企业的核心竞争力。

此外,在医疗领域,量子精密测量技术为疾病诊断和治疗提供了新的可能性。量子精密测量技术高精度、快速的特性使得医生能够更准确地了解患者的病情,为制订个性化的治疗方案提供有力支持。同时,量子精密测量技术还可以应用于医学影像、药物研发等领域,为医疗事业的进步贡献力量。

为了推动量子精密测量技术的发展和应用,许多科技企业纷纷投入巨资进行研发。这些企业不仅拥有强大的技术团队和先进的研发设备,还积极开展国际合作,与全球顶尖的科研机构、高校等建立合作关系,共同推动量子精密测量技术的研发和应用。

当然,量子精密测量技术的发展仍面临一些问题。例如,量子精密测量技术的成本较高,普及和推广需要大量资金支持;在实际应用中,还需要解决一些技术难题,如提高测量精度、降低噪声干扰等。

总之，科技企业推出的多样化量子精密测量解决方案为科技领域带来了革命性的变革。随着量子技术不断发展和应用领域的拓展，量子精密测量技术将在科研、工业、医疗等领域发挥更重要的作用。

6.3.2　3D 量子传感器实现导航突破

在导航领域，3D 量子传感器能够提供前所未有的定位精度和稳定性，为实现更精准、更可靠的导航服务奠定基础。

法国国家科学研究中心的研究团队描述了一种创新的量子加速度计，该装置结合了激光技术和超冷铷原子，测量精度比传统经典器件高出 50 倍。这一重要的技术进步将量子加速度计的应用范围拓展到第三维度，可以在没有 GPS 等定位系统的环境中实现精准导航，为导航技术的发展开辟了新的道路。

在这项研究中，研究人员使用激光束和超冷铷原子来构建量子加速度计。激光束被用来操控超冷铷原子的量子态，而原子则作为测量加速度的敏感元件。当加速度计受到外部加速度作用时，超冷铷原子的量子态会发生变化。这种变化可以被精确地检测到，从而实现对加速度的高精度测量。

该研究团队研发的全新三维量子加速度计，以独特的设计和卓越的性能引起了广泛关注。这款装置外观酷似一个金属盒子，长度与一台笔记本电脑相当，核心原理是利用激光操控和测量被困在一个小玻璃盒中的铷原子云。为了获得更为精确的测量结果，这些铷原子被冷却至接近绝对零度的极低温度。在这样的条件下，原子运动变得极为缓慢，从而能够更精确地测量微小的加速度变化。

与早期的量子加速度计类似，这款装置中的激光器在原子云中引起涟漪。

第6章 量子传感：为探索微观世界提供工具

这些涟漪在原子云中传播时，会产生特定的干扰模式。通过解释这些干扰模式，科学家能够准确地测量出加速度的大小和方向。这一技术的独特之处在于，它能够同时沿三个互为正交的方向测量加速度，从而实现全面的空间加速度检测。

这一创新的三维量子加速度计被命名为"量子加速度计三元组"（Quantum Accelerometer Triad，QuAT）。独特的三元组设计使得它在航空航天、地质勘探、地震预警等领域具有广泛的应用场景。例如，在航空航天领域，QuAT 可以精确地测量卫星和航天器的运动状态，为导航、通信和遥感等任务提供精确的数据支持；在地质勘探领域，通过在地表或地下安装 QuAT 装置，科学家可以实时监测地震活动、地下水位变化以及矿产资源分布等。这些数据对预防地质灾害、合理利用地下资源具有重要意义。

这款三维量子加速度计是多个领域的专家、学者通力合作的成果。他们在技术研发、实验验证以及应用推广等方面付出了大量的努力，为量子科技在实际应用中的突破奠定了坚实基础。

3D 量子传感器为导航技术带来了革命性的突破。其高精度、高稳定性、强抗干扰能力和快速响应等特点使得导航技术在各种复杂环境中都能发挥出色的性能。

6.3.3 博世：成立初创公司，推进量子传感器商业化

在全球科技创新的浪潮中，德国科技巨头博世一直走在前沿。根据知名研究机构麦肯锡的一项预测，量子传感市场规模有望在 2040 年达到 70 亿美元。这预示着量子传感技术将飞速发展，各大企业将获得更多商业机遇。

在这一背景下，博世宣布成立量子传感初创公司，致力于推进量子传感器的商业化进程。这一决策不仅展现了博世对前沿科技的敏锐洞察力，也表明了其在全球技术领域的领导地位。

博世深谙人才是企业成功的关键，因此聘请物理学博士 Katrin Kobe 担任首席执行官。Katrin Kobe 博士不仅在物理学领域拥有深厚的学术背景，而且在多家科技公司积累了丰富的管理经验，因此在推动量子传感器商业化进程中展现出卓越的领导力和洞察力。

专门的研发团队能够有力推动博世量子传感器的商业化进程。该团队汇聚博世公司中传感器技术、量子物理、微电子等多个领域的顶尖人才，致力于攻克量子传感器商业化过程中的技术难题。同时，博世还与全球合作伙伴进行紧密合作，共同推动量子传感器技术创新与发展。

为了加速量子传感器的商业化进程，博世还投入大量资金和资源打造先进的研发设施、购买尖端设备、开展技术培训等。此外，博世还积极参与国际量子传感器领域的交流与合作，吸收和借鉴全球最新的科研成果和行业经验。

博世在量子传感器商业化方面的布局并非一时兴起。近年来，博世在传感器技术方面已经取得了显著成果。其传统传感器产品在市场上占据重要地位，广泛应用于汽车、工业自动化、智能家居等领域。这些技术积累为博世在量子传感器领域的发展奠定了坚实基础。

量子传感器具有极高的精度和灵敏度，能够在极端环境下实现精确测量。量子传感器已经在多个领域展现出巨大的应用潜力，尤其是汽车行业。博世成立量子传感初创公司的初衷，正是看到了量子传感器在汽车行业的巨大商业价值。

第6章 量子传感：为探索微观世界提供工具

为了推动量子传感器的商业化进程，博世充分利用丰富的技术积累和行业经验，对量子传感器进行深入研究和开发。同时，博世还与全球各大汽车厂商紧密合作，共同推动量子传感器在汽车行业的应用。

随着量子传感器技术的成熟和市场需求不断增长，博世有望在这一领域取得重要突破。通过不断研发、创新，博世将为全球客户提供更加先进、可靠的量子传感器产品，助力各行各业实现更高效、更精准的测量与控制。

第 7 章
量子人工智能：增强应用智能能力

如今，人工智能已经成为人们日常生活的重要组成部分。然而，其受限于算力和算法，应用领域和智能性有限。为了克服这些限制，一些科学家开始探索量子计算与人工智能的结合，从而催生了量子人工智能这一前沿领域。量子人工智能有望提升人工智能的智能能力，引领未来的科技革新。

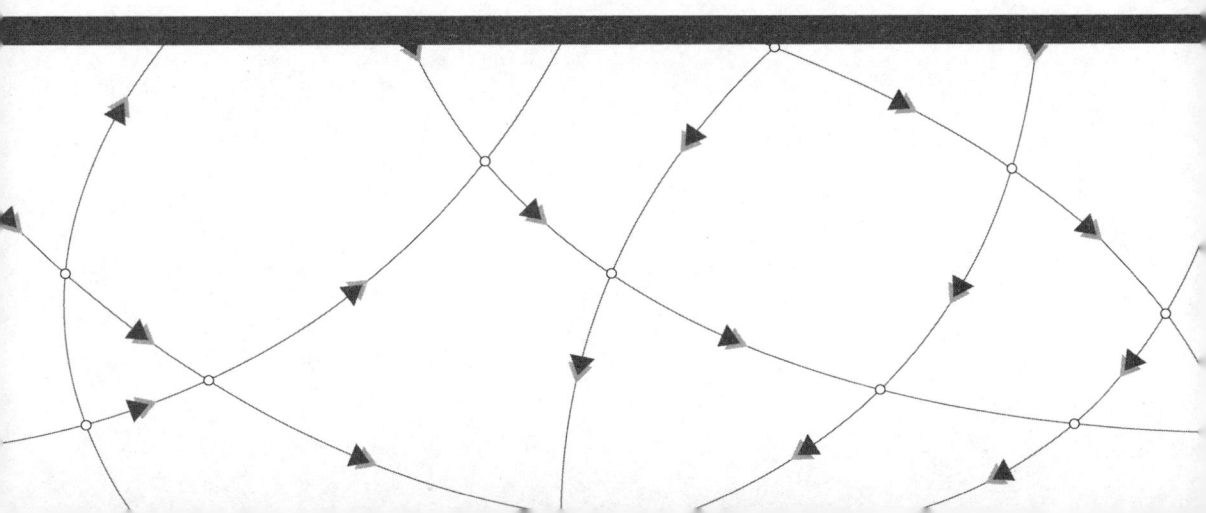

第 7 章 量子人工智能：增强应用智能能力

7.1 量子技术加速人工智能发展

量子技术是数字科技的重要组成部分，能够加速人工智能发展。基于强大的计算能力、并行处理能力和算法优势，量子技术为人工智能带来了前所未有的机遇，在人工智能的诸多领域发挥重要作用，如自然语言处理、计算机视觉、智能推荐等。

7.1.1 为人工智能提供强大算力，优化方案

随着人工智能的应用场景不断拓展，其对算力的需求也日益增长。而量子技术可以为人工智能提供强大算力，助力其实现更好的发展。

量子人工智能利用量子计算的优势，通过 QNN（Quantum Neural Network，量子神经网络）来模拟复杂的非线性函数。相较于传统神经网络，QNN 具有更强的表达能力和更高的学习效率。这意味着在处理大规模数据集和复杂模型时，量子人工智能能够更快地找到解决方案，从而显著提高人工智能的性能。

具体来说，QNN 通过利用量子比特叠加、纠缠等特性，能够在指数级增长的计算空间内探索问题的解，在处理复杂非线性函数方面具有得天独厚的优势。例如，在图像识别、语音识别和自然语言处理等领域，QNN 可以通过构建更复杂的模型来提高识别准确率和处理速度。

此外，量子人工智能还可以利用 QOA（Quantum Optimization Algorithm，

量子优化算法）来寻找最优解或近似最优解。QOA 具有全局搜索能力，能够在短时间内找到问题的全局最优解，在解决组合优化、约束满足、机器学习等领域的实际问题方面具有显著的优势。

对于人工智能来说，量子技术具有重要意义，这主要体现在以下几个方面，如图 7-1 所示。

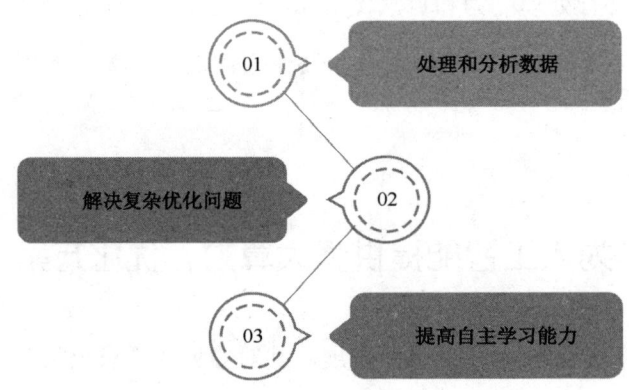

图 7-1　量子技术对于人工智能的意义

1. 处理和分析数据

量子技术可以帮助人工智能更快地处理和分析数据。通过量子计算，人工智能可以在短时间内处理和分析大量数据，从而快速得出结果，提高决策效率。

2. 解决复杂优化问题

量子技术有助于解决人工智能面临的复杂优化问题。许多人工智能应用涉及大量的优化问题，如路径规划、资源分配等，通常需要大量的计算资源和时间。而依托于量子优化算法，量子计算机可以在短时间内找到最优解，使人工

第 7 章 量子人工智能：增强应用智能能力

智能应用拥有更高的性能。

3. 提高自主学习能力

量子技术还有助于人工智能提高自主学习能力。在深度学习中，模型需要不断地学习和调整参数以适应新的数据和环境。而量子计算机具有更强的计算能力和更快的处理速度，可以帮助模型更快地收敛，提高学习效率。

量子人工智能为人工智能的发展注入了新的活力。通过利用量子计算的优势，量子人工智能在模拟复杂非线性函数和寻找最优解等方面表现出色，能够解决传统人工智能难以应对的问题。

7.1.2 实现机器学习算法优化

传统的机器学习算法在处理大规模数据集和复杂问题时，面临计算资源消耗大、计算速度慢等瓶颈。为了突破这些瓶颈，量子技术被引入机器学习领域，以期实现算法优化。

量子机器学习（QML）是一个融合了量子计算和机器学习的前沿领域。它基于量子数据和混合量子经典模型两个核心概念，通过利用量子计算的高并行性，实现对传统机器学习的进一步优化。

量子机器学习的训练数据需要转变为能够被量子计算机识别的格式（制备量子态），经过量子机器学习算法处理后输出量子格式的结果。而这一结果需要经过量子测量，以形成最终结果。这一流程如图 7-2 所示。

量子机器学习建立在量子力学和机器学习基础上，通过结合两者优势，实现更高效的数据处理和学习。研究人员将量子计算的优势与机器学习算法相结合，开发出多种量子机器学习算法。这些算法通过利用量子计算的速度和精度优势，显著提高机器学习算法的性能。

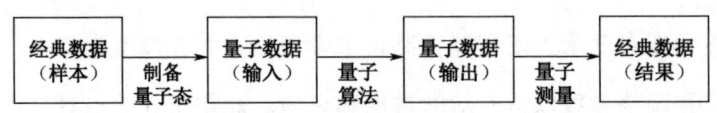

图 7-2　量子机器学习的流程

量子数据在表示和存储信息方面具有独特优势。量子比特可以同时表示 0 和 1，这种叠加态使得量子数据在存储和处理信息时具有更高的效率。量子机器学习利用量子计算的高并行性，优化传统机器学习。在相同时间内，量子机器学习可以处理更多的数据，从而提高学习效率。

此外，量子机器学习算法还可以通过优化模型参数和降低计算复杂度等方式，提高传统机器学习算法的效率。例如，在深度学习中，量子神经网络可以利用量子计算的并行性和叠加性，实现更快的网络训练和优化。

值得一提的是，量子技术在机器学习领域的应用不仅限于算法优化。在化学领域，量子机器学习可以用于模拟分子结构和化学反应过程，从而加速新材料研发。在生物医学领域，量子机器学习可以用于分析基因序列和蛋白质结构，为疾病诊断和治疗提供有力支持。此外，量子机器学习在金融、交通等领域也有巨大的应用价值。

随着量子计算技术不断发展，量子机器学习将在未来拥有更加广阔的应用前景。一方面，量子机器学习将优化现有算法，提高学习效率和准确性。另一方面，量子机器学习的应用领域将进一步拓展，如量子密码学等。

虽然量子机器学习潜力无限，但其研究面临诸多挑战，如量子比特的稳定

第 7 章　量子人工智能：增强应用智能能力

性、量子纠缠的保持等。我们期待更多具有创新性和实用性的量子机器学习算法出现，为人类社会的发展和进步作出更大的贡献。

7.1.3　改进数据挖掘与分析

在数据挖掘领域，量子技术可以用于优化搜索算法。面对大规模数据集，传统的搜索算法往往需要消耗大量的时间和计算资源。然而，量子搜索算法，如 Grover 算法，能够在根号 N 次操作内找到无序数据库中的条目，其中 N 是数据库的大小。这意味着在处理大规模数据集时，量子搜索算法能够显著提高搜索效率。

量子技术还可以用于改进聚类分析。聚类分析是一种将数据集分为不同类别的技术，广泛应用于图像处理、社交网络分析等领域。传统的聚类算法在处理高维度数据时往往面临维数灾难的问题。而基于量子叠加和量子纠缠的量子聚类算法，如量子 K-means 算法，能够在高维度空间中实现有效的数据聚类。

除了搜索和聚类分析外，量子技术还可以应用于关联规则挖掘、分类和预测等任务中。例如，量子关联规则挖掘算法可以利用量子计算的并行性，快速发现数据集中的关联规则；量子分类算法（如量子支持向量机）利用量子叠加和量子纠缠等特性，能够在处理高维度数据时实现更高的分类准确率。

在实际应用中，量子技术改进数据挖掘与分析已经取得了显著的成果。例如，在金融领域，量子技术可以用于分析大规模金融数据，帮助投资者发现潜在的投资机会和风险；在医疗领域，量子技术可以用于基因测序和药物研发，帮助科学家更好地理解疾病的发病机理，开发出更有效的治疗方法。此外，在

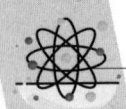

交通、能源等领域，量子技术也有着广泛的应用。

尽管量子技术在数据挖掘与分析方面展现出巨大的潜力，但其在实际应用中仍面临着一些挑战。首先，量子计算机的硬件和软件开发仍处于初级阶段，需要更多的研究和技术突破。其次，量子技术在处理某些问题时可能面临安全问题，需要采取相应的加密和保护措施。最后，量子技术的应用需要相关人员具备一定的专业知识和技能，因此需要加强人才培养和教育。

总之，量子技术为数据挖掘与分析带来了新的机遇。通过不断优化量子算法和相关硬件，量子技术将推动数据挖掘与分析领域实现更加显著的进步和发展。同时，随着量子技术不断成熟，它将在各个领域发挥越来越重要的作用，推动人类社会向更加智能、高效和可持续的方向发展。

7.2 量子计算融合人工智能，更新智能应用

量子计算与人工智能的融合为智能应用的发展注入强大的动力。通过利用量子计算的优势，人工智能在处理速度、算法、机器学习能力等方面实现突破。随着量子计算和人工智能技术不断成熟，智能应用将实现升级和迭代，在各个领域发挥更大的作用。

7.2.1 更新智能交通系统，实现环保与高效运作

如今，绿色智慧城市建设已经成为我国城市规划的重要方向。智能交通系

第 7 章 量子人工智能：增强应用智能能力

统在绿色智慧城市建设中尤为重要，它不仅能够有效缓解交通拥堵、降低能源消耗，还能为居民提供便捷、高效的出行体验。然而，传统的智能交通系统已经无法满足日益增长的交通需求，量子技术的应用将为智能交通系统的发展带来新的突破。

2022年11月，玻色量子与北京交通大学国家重点实验室共同组成一个联合体，接受北京城市轨道交通咨询有限公司的委托，三方携手探索和实施量子计算在智慧地铁领域的应用。

在此次科研合作中，玻色量子充分发挥自身在光量子计算和量子算法技术方面的优势，北京城市轨道交通咨询有限公司和北京交通大学发挥其在城市轨道交通领域的丰富经验，三方共同分析论证光量子计算技术在城市轨道交通多个场景中的潜在应用价值。

在智慧地铁方面，三方共同研究如何利用光量子计算技术优化地铁的运营管理，提升调度效率，降低运营成本。在运维方面，三方共同探索光量子计算技术如何助力地铁设施的实时监测和故障预警，以提高运维效率和安全性。

此外，在客运服务领域，三方共同探讨光量子计算技术如何为乘客提供更加个性化、便捷的服务，提升乘客出行体验。这一研究方向还包括如何利用光量子计算技术优化地铁的票价策略和客流预测，以应对高峰期的客流压力。

在智能交通系统中，数据传输的安全性至关重要。面对黑客攻击和数据泄露等威胁，传统通信方式存在诸多弊端，而量子通信以独特的加密方式，确保数据传输的绝对安全。

量子通信利用量子纠缠和量子密钥分发等技术，实现无法被破解的加密通

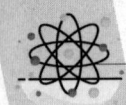

信，有效保障智能交通系统中大量敏感数据的安全传输。这样一来，居民的隐私得到充分的保护，智能交通系统也得以更加稳健地运行。

在智能交通系统中，量子科技具有广阔的应用前景和巨大的应用潜力。量子计算、量子传感、量子通信等技术的融合应用，可以实现城市交通的高效管理、安全监测和能源优化利用，基于此，未来的智能交通系统将更加智能、高效、安全和环保。

7.2.2 更新智能监控系统，实现智能防护

量子计算和人工智能的深度融合，为很多领域带来了前所未有的变革。例如，量子计算在智能监控系统中的应用，能够助力智能监控系统升级，实现智能防护，为我国网络安全和智能化发展注入新的活力。

量子计算技术为智能监控系统带来了更高的计算速度和更强的数据分析能力。在传统的智能监控系统中，数据处理和分析往往受到计算能力的限制，而量子计算机能够在短时间内处理和分析大量数据，极大地提高了监控系统的实时性和准确性。

通过量子计算机对海量数据进行深度学习，智能监控系统可以更准确地识别异常行为和潜在威胁，实现快速响应和智能防护。量子计算机具有强大的量子算法，能够有效破解加密算法，从而为监控系统提供更加可靠的安全保障。量子计算技术还可以与量子密码学结合，为数据传输和存储提供安全性更高的加密手段，确保监控系统中的数据不被泄露。

作为新一代计算技术，量子计算具有巨大的市场潜力和战略价值。在我国，

第 7 章　量子人工智能：增强应用智能能力

量子计算和人工智能的研发与应用得到大力支持，一系列政策纷纷出台，鼓励企业加大投入，推动产业发展。我国在量子计算和人工智能领域的研究取得了世界领先的成果，为智能监控系统的创新发展提供了有力保障。

量子计算更新智能监控系统，实现智能防护，对我国科技创新和社会安全产生深远影响。在新时代背景下，相关企业要紧抓量子计算这一重要技术发展趋势，推动智能监控系统转型升级，为建设数字中国、智能社会贡献自己的一份力量。

7.2.3　更新智能交互系统，提升机器人的交互性

量子计算能够更新智能交互系统，提升机器人的交互性，这主要体现在以下三个方面。

1. 加速 AI 模型训练

量子计算利用量子比特叠加、纠缠等特性，在处理大规模数据和复杂模型时表现出超乎传统计算机的计算能力。这使得量子计算机能够显著加速人工智能模型的训练过程，提高模型训练效率。通过更快速地训练模型，智能交互系统可以更快地学习和适应新的交互模式，从而提升机器人的交互性。

2. 优化搜索算法

人工智能应用过程中存在大量组合优化问题，如路径规划、资源分配等。通过量子并行性和量子随机性，量子计算能够更高效地找到问题的最优解，提

供更为准确和实用的解决方案。在智能交互系统中，这可以优化搜索算法，使机器人能够更快地找到匹配的方案，提高交互的准确性和效率。

3. 提升数据处理分析效率

借助量子计算，智能交互系统可以更有效地处理和分析用户的交互数据，从而更准确地理解用户的意图和需求，并生成更合适的回复。这有助于提升机器人的交互性和用户体验。

过去，机器人的交互性受到计算能力和算法的限制，在与人类或其他机器交互时显得生硬、不自然。然而，随着量子计算与人工智能的深度融合，机器人的交互性有了显著提升，具备更强大的数据处理和分析能力。

具体而言，量子计算能够显著提升机器人的多模态交互能力。它使得机器人能够同时处理声音、图像、触觉等多种信息源，并将它们有机地融合在一起，实现更为丰富和深入的交互体验。例如，医疗康复机器人能够综合运用多种感知方式，更好地辅助患者进行康复训练。

此外，量子计算还为机器人的协同交互提供了有力支持。在复杂的工作场景中，多个机器人可以通过量子计算实现高效的信息共享和协同工作，极大地提高工作效率和质量。

量子计算与人工智能的结合为机器人的发展带来了革命性的变革。机器人的计算能力和交互性得以提升，能够在更广泛的领域发挥重要作用，为人类的生产和生活带来更多便利和可能性。

7.2.4 更新智能家居系统，提供安全高效的解决方案

随着智能家居的普及，如何确保智能家居系统安全、高效运行，成为一个亟待解决的问题。作为一种革命性的技术，量子计算为智能家居系统提供了安全、高效的解决方案。

量子计算机以强大的并行计算能力，助力智能家居系统的数据处理能力实现质的飞跃。传统计算机在处理智能家居系统中海量的数据和复杂的计算任务时，往往会出现延迟、卡顿等问题。而量子计算机能够以极快的速度处理这些信息，确保智能家居系统高效运行。无论是快速响应各种指令，还是实时分析海量数据，量子计算机都能轻松应对。

在智能家居系统中，量子计算技术的核心应用在于对大量传感器数据和用户行为数据的快速分析。传感器数据包括温度、湿度、光线、声音等，传统计算机处理这些数据往往需要耗费大量时间和资源。然而，量子计算机凭借其并行计算优势，可以同时处理这些数据，极大地提高了分析速度。

量子计算技术还可以深入挖掘用户行为，通过对用户习惯和需求的分析，实现对家居环境的精准调控和智能响应。例如，在用户回家之前，智能家居系统可以根据用户的习惯自动调整室内温度、灯光等，为用户创造一个舒适的环境；当用户回家时，系统可以迅速识别用户身份，自动开启欢迎模式，给用户带来更加智能、舒适的生活体验。

人工智能技术能够对量子计算的结果进行深度解析，进一步优化家居设备的运行状态，提升家居生活品质。

量子计算与人工智能的融合为智能家居系统提供了更高级别的安全保障。在信息化时代，信息安全已成为人们关注的焦点。量子计算具有数据无法被破解的优势，可以有效防止黑客攻击和信息泄露。结合人工智能的身份识别和异常检测技术，智能家居系统可以实现对用户隐私的全方位保护，确保家居生活的安全无忧。

量子计算与人工智能的融合有助于构建更加智能化的家居生态。借助人工智能技术，智能家居设备可以实现互联互通，形成一个统一的智能网络。在此基础上，量子计算可以对家居设备进行协同优化，实现资源的高效分配和调度。

量子计算这一创新技术将不断推动智能家居行业进步和发展，为人们的生活带来更多便利。

7.3　产业化应用显现，未来可期

随着我国在量子科技领域的研究不断深入，产业化应用逐渐显现，为经济发展注入新的活力。在政策扶持和产业发展的推动下，我国量子产业有望实现跨越式发展，为全球科技创新贡献力量。面对未来，量子科技产业化应用潜力无限，值得期待。

7.3.1　百度：发布量子领域大模型及量子助手

量子计算正在引领我们进入一个全新的时代——后摩尔时代。在这个时

第 7 章　量子人工智能：增强应用智能能力

代，传统计算机难以满足人们对计算能力的需求，而量子计算则提供了前所未有的计算能力，为各行各业带来了巨大的变革。相关预测数据显示，到 2031 年，全球 69% 的大型企业采用量子计算，这意味着量子计算的市场空间非常广阔。

百度凭借其在人工智能领域的深厚技术积累，抓住了量子计算这一历史性机遇，发布了首个量子领域大模型，旨在加速量子技术与大模型的深度融合。大模型是人工智能领域的一项重要技术，能够处理大量的复杂数据，并从中提炼出有价值的信息。而量子计算则提供了强大的计算能力，使得大模型在处理复杂问题时更加高效。

百度推出的量子领域大模型，是文心一言技术框架的进一步拓展。这一模型基于量子科技领域内的高质量数据进行深入的专项训练和优化，从而具备卓越的量子知识理解能力和量子任务执行能力。通过技术融合与协同，量子领域大模型有效整合了数据、算法和算力等多方面的优势。它不仅在训练速度、模型性能等方面为现有大模型提供了有力支持，还在训练成本、交互效率以及数据隐私保护等方面提升现有大模型的技术能力。

随着技术不断发展，未来的数据将越来越复杂，处理难度也将不断提升。百度将通过持续优化算法、改进硬件等方式，不断提升量子领域大模型处理复杂问题的速度和效率，使其能够更好地满足各种应用场景的需求。

百度还将积极探索量子计算与大模型在更多领域的融合应用。例如，在医疗领域，百度可以利用量子领域大模型进行基因测序、药物研发等复杂任务，以加速疾病诊断和治疗；在金融领域，百度可以利用量子领域大模型进行风险评估、投资决策等，以提高金融服务的效率和准确性。

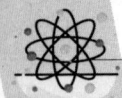

除了推出量子领域大模型外，百度还推出量子助手。百度量子助手是一款集百度量子知识库与产业级知识增强文心大模型于一体的人工智能助手，基于高达 7800 万的原始数据和 22 万精调数据进行训练。其强大的知识库和智能分析能力，为我们提供了认知和理解世界的全新方式。

作为百度量子平台的统一入口，百度量子助手的重要性不言而喻。它打通了百度量子平台量子硬件、量子软件、量子应用的技术全链条，降低百度量子平台的使用门槛。不仅如此，百度量子助手还使得原本晦涩难懂的量子技术变得简单易懂，让更多的人能够轻松理解这项前沿科技。

7.3.2 中电信量子集团：智慧法务量子视讯平台

中电信量子集团是一家致力于研究和开发量子技术及其应用的高科技企业。2023 年 9 月，其推出了一款名为"智慧法务量子视讯平台"的创新产品，旨在为我国法律行业提供高效、安全、稳定的通信解决方案。

中电信量子集团与司法部生命科学和信息技术重点实验室合作，将 5G 技术与量子加密技术相结合，打造出智慧法务量子视讯平台。该平台不仅具有极高的数据传输速度，还能够确保数据传输过程的安全性。通过该平台，律师可以在任何地点、时间会见犯罪嫌疑人，检察院可以实现远程提讯，极大地提高了工作效率和便捷性。

智慧法务量子视讯平台的应用场景广泛，不仅可以用于律师会见犯罪嫌疑人、检察院远程提讯等场景，还可以应用于法院庭审直播、监狱远程探视等多个领域。这极大地推动了法务工作的数字化转型，提高工作效率，降低运营成

第 7 章　量子人工智能：增强应用智能能力

本，同时也为公众提供了更加便捷、高效的服务。

随着智慧法务量子视讯平台的普及，公众的数据安全和隐私保护意识将进一步增强，推动整个社会对信息安全问题给予更多的关注和重视。

随着中电信量子集团与司法部生命科学和信息技术重点实验室的合作持续深化，智慧法务量子视讯平台的功能和性能将进一步完善，为法务工作提供更多创新解决方案。

智慧法务量子视讯平台是科技与法务领域的深度融合，是法务工作数字化转型的重要里程碑。它为法务工作带来前所未有的变革，推动法务工作向更加高效、便捷、安全的方向发展。

7.3.3　国盛量子：推出量子传感系列产品

国盛量子是一家专注于量子工业领域的高新技术企业，致力于研究和开发量子传感技术。该公司成功推出的一系列具有国内领先水平的量子传感产品，引起了广泛关注。这些产品的问世，不仅标志着我国量子传感技术取得重大突破，还为我国量子科技领域的进一步发展奠定了坚实基础。

2022 年 11 月 9 日，国盛量子与国网安徽省电力有限公司联合研制的世界首台量子电流互感器在 2022 亚太电协 CEO 会议中展出，引起了广泛关注。这一突破性的科研成果，不仅标志着我国在量子电流测量领域达到了新的高度，也为全球电力行业带来了前所未有的革新。

量子电流测量装置是量子电流互感器的初代样机，其独特之处在于基于量子精密测量原理，使用毫米大小的金刚石，实现高于经典测量原理的测量精度。

这一创新性的设计，使得测量装置在精度上实现了质的飞跃，为电力行业带来了更为精准的测量手段。

2023年11月15日，第二十五届高交会正式在深圳开幕。在此次大会上，国盛量子带来的主力产品包括量子磁力传感演示机、量子电流测量装置、量子磁力传感器以及无损检测设备等。

这些产品在技术上拥有自主知识产权，且在测量精度、量程带宽、稳定性和安全性等方面具有独特优势。这些优势使得这些产品在国内外市场备受瞩目，也为我国量子科技领域的发展提供了强有力的支持。

国盛量子不仅专注于量子传感器的研发制造，还致力于打破国外的技术垄断和壁垒。通过不断创新，国盛量子实现了高端量子传感器国产化，改变了依赖进口的现状。

在全球量子科技竞争日趋激烈的背景下，国盛量子传感系列产品的成功推出，有助于提升我国在量子领域的国际竞争力。这些产品在国际市场上占据一席之地，助力我国争夺量子科技制高点。

7.3.4 本源量子携手云从科技探索行业新应用

本源量子与上海云从企业发展有限公司（以下简称"云从公司"）达成战略合作，共同探索量子计算与人工智能融合发展的创新路径。这一战略合作标志着我国在探索量子人工智能方面取得重要突破，为我国量子科技创新和产业升级注入新动力。

根据合作协议，双方将在本源量子计算硬件、软件等技术平台的基础上，

第 7 章 量子人工智能：增强应用智能能力

共同开展量子人工智能应用和量子人工智能算法、量子人工智能软件解决方案等前沿领域的探索工作。这一合作旨在充分发挥双方在各自领域的优势，推动量子计算与人工智能技术的深度融合。

作为我国量子计算领域的佼佼者，本源量子一直致力于量子计算技术的研究与开发。其在量子算法、量子软件、量子硬件等方面具有丰富的技术积累和优势，不仅积极参与国家量子科技战略规划，还为我国量子产业的发展贡献了诸多创新成果。

云从公司是人工智能领域的领军企业，专注于人脸识别、视频分析等技术的研究与应用。云从公司凭借卓越的技术实力，为我国公共安全、金融、商业等多个领域提供高性能的人工智能解决方案，在人工智能硬件、软件及算法等方面拥有大量自主知识产权，对推动我国人工智能产业的发展发挥了重要作用。

云从公司在人工智能技术领域拥有领先优势，积累了丰富的行业设计经验和应用成果。本源量子则在量子计算领域具备显著优势。此次合作，将有力推动本源量子与云从公司在量子人工智能领域的应用市场拓展，实现共赢发展。

在量子人工智能计算领域，双方将共同研发创新技术，以期在金融、医疗、教育、智能制造等行业实现广泛应用。这将有助于我国量子计算产业迈向国际领先水平，为我国经济社会发展提供有力支持。

本源量子与云从公司的合作，有力地推动我国量子计算与人工智能技术的创新发展。双方共同努力，探索行业新应用，为我国科技产业的繁荣和国际竞争力的提升贡献力量。

第 8 章
量子金融科技：加速金融快速稳健发展

　　量子金融科技是量子科技在金融领域的应用和延伸。作为一种新兴技术，量子金融科技正逐渐渗透到金融领域的各个环节，为金融市场带来前所未有的机遇，助力金融行业快速稳健地发展。在市场需求爆发、企业持续探索的推动下，我国量子金融科技有望实现快速发展。

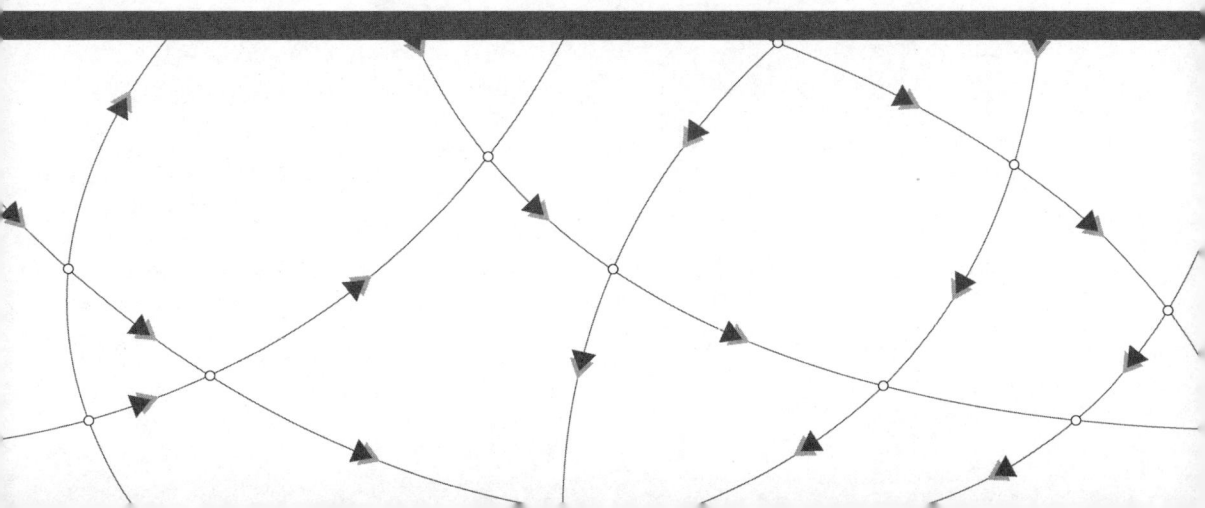

第 8 章　量子金融科技：加速金融快速稳健发展

8.1　量子科技与金融领域的结合成为趋势

近年来，量子科技在金融领域的应用受到关注，成为金融行业发展的一种新趋势。量子科技的发展为金融行业带来了革命性的变革和机遇，而金融行业的需求推动了量子科技的进步和创新。当前，不少金融机构都积极参加量子金融竞赛，并通过建立联盟的方式加速量子金融科技的应用。

8.1.1　各大金融机构参加量子金融竞赛

作为金融科技的重要组成部分，量子金融不仅能为金融市场带来更高的安全性、更快的处理速度和更精准的风险评估，还能推动我国金融业实现跨越式发展。

一方面，量子算法为银行业提供了新的可能性。风险价值计算、投资组合优化等问题一直是银行业面临的难题，而量子算法有望在这些领域发挥重要作用。风险价值是衡量金融机构风险管理能力的重要指标，量子算法可以大幅提升风险价值计算的准确性和效率，为银行的风险管理提供更为科学的依据。

投资组合优化是银行资产管理的核心问题，量子计算在大规模数据处理上展现出超越经典计算的优越性，有助于实现投资策略优化。

另一方面，量子技术也给银行业带来了安全隐患。现有的加密技术，如非对称加密算法、哈希算法等，都可能受到量子计算的破解威胁。一旦量子计算机成功破解现有加密算法，银行业的安全将面临严重威胁。为了应对这一挑战，银行业应提前布局，研究和发展新的抗量子加密技术，以确保信息安全和金融业务稳定发展。

面对这些机遇和挑战，世界各国领先的银行纷纷采取行动，积极参与量子金融系统计划的制订和实施。美国、加拿大、英国、日本等国的 11 家世界领先的银行组成联盟，旨在推动量子金融科技的发展和应用。这些银行通过加强国际合作、加大研发投入、培养专业人才，推动量子金融领域取得关键突破。

在这场量子金融竞赛中，我国的金融机构纷纷加大研发投入，力争在全球金融市场中脱颖而出。例如，中国人民银行乌鲁木齐中心支行星地一体 QKD 量子保密通信应用项目借助中继节点和卫星密钥分发，搭建了中国人民银行乌鲁木齐中心支行与位于北京的中国人民银行金融信息中心之间的量子密钥分发传输通道，如图 8-1 所示。

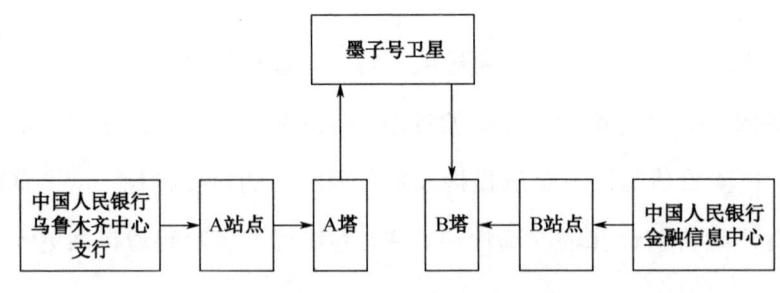

图 8-1　量子密钥分发传输示意图

在该项目中，信息传输的方式是借助墨子号卫星实现星地一体的量子密钥分发。其中，中国人民银行乌鲁木齐中心支行借助量子城域网接入 A 站点，并

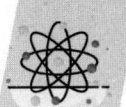

第 8 章　量子金融科技：加速金融快速稳健发展

借助量子光纤干线将信息传输至 A 塔；中国人民银行金融信息中心借助量子城域网接入 B 站点，并通过量子光纤干线将信息传输至 B 塔。该项目实现了长距离的信息加密传输。

再如，华夏银行积极探索量子计算机、量子 AI 建模流程、量子算法模型等技术在金融场景的应用，并取得了阶段性成果。未来，其将加深量子技术探索，基于量子技术实现对更多算法模型的升级与改造。

如今，国内外金融机构都在积极布局量子金融，竞相研发相关技术，以期在未来的金融市场竞争中占据主导地位。

8.1.2　成立联盟：金融机构加入量子联盟

在数字化浪潮的推动下，金融行业正经历着前所未有的变革。随着量子计算技术的快速发展，金融机构也意识到，为了保障数据安全和交易稳定，必须紧跟时代步伐，采用最先进的科技手段来应对潜在的风险。对此，多家知名金融机构宣布加入量子联盟，共同探索量子技术在金融领域的应用，以应对日益复杂的金融安全问题。

金融机构的加入，不仅为量子联盟注入了强大的资金支持，还带来了丰富的金融场景和业务需求。通过与量子联盟紧密合作，金融机构可以深入了解量子技术的最新进展，探索量子技术在金融领域的应用场景，共同研发出更加安全、高效的金融产品和服务。

此外，金融机构的加入还有助于推动量子技术的普及和产业化。随着金融机构的广泛参与，量子技术将逐渐从实验室走向市场，为更多行业提供安全、可靠的解决方案。

量子联盟的主要任务包括：研发量子安全算法和协议，提升金融数据的安全性和保密性；探索量子计算在金融领域的应用场景，如风险评估、反欺诈、资产定价等；推动量子技术的普及和产业化，促进金融行业的数字化转型。

金融联盟往往由一批具有前瞻性的金融机构组成，包括国有银行、股份制银行、城商行、保险公司、证券公司等。它们通过资源共享、协同创新的方式，共同推进量子科技在金融领域落地。

例如，建银国际、东方证券、中金资本、银联商务四家知名企业纷纷加入量子金融生态应用联盟。这一联盟的成立，标志着我国金融行业开始积极探索和应用量子计算技术，以期实现重大突破。

量子金融生态应用联盟的宗旨是携手共建平台、共同发展、协同创新，以汇聚国内金融行业的合作伙伴。这一联盟以市场导向和产业需求为指引，致力于推进量子计算在金融场景的应用开发探索。这意味着，我国金融行业正在迈向一个充满创新与活力的新金融时代。

中国建设银行旗下的建信金科是金融科技领域的领军企业，其始终保持对前沿技术的关注和投入。2020年，建信金科率先加入了一个致力于推动量子金融发展的联盟，成为该联盟的创始成员。加入该联盟，彰显出建信金科在金融科技领域布局的战略眼光和坚定决心。

多个量子金融联盟的成立，标志着我国金融行业在探索新技术、创新发展方面迈出了新的步伐。这将实现资源、技术的集中，助力金融机构在协作中共同推进量子金融科技进步。

第8章 量子金融科技：加速金融快速稳健发展

8.2 量子科技多重赋能金融业务

量子科技的多元化赋能为金融行业带来了前所未有的变革和发展机遇。过去几年，我国在量子科技领域取得了显著的突破，为金融业务的发展提供了强有力的技术支撑。未来的金融业务将在量子科技的赋能下迎来更加广阔的发展和创新空间。同时，金融机构也需要不断提升自身的技术实力、丰富人才储备，以应对量子科技带来的挑战。

8.2.1 量子计算优化金融交易策略

金融市场是现代经济体系的核心组成部分，其交易执行和风险管理一直是金融领域关注的重点问题。传统的金融交易策略往往依赖于复杂的数学模型和大量的历史数据，但受限于计算能力和数据处理速度，这些策略往往难以达到最优效果。而量子计算的出现，为金融交易策略优化提供了全新的解决方案。

量子计算在金融交易策略优化中的应用主要体现在以下3个方面，如图8-2所示。

1. 优化交易算法

量子计算能够在短时间内处理大量数据，对金融交易策略优化具有重要意义。具体而言，量子计算机可以实时分析大量金融数据，从而帮助投资者作出更精确的交易决策。借助量子算法，投资者可以在毫秒级的时间内实时分析全球金融市场的交易数据,发现投资机会。此外,量子计算技术还可以用于高频交易策略开发和优化,进一步提高交易效率。

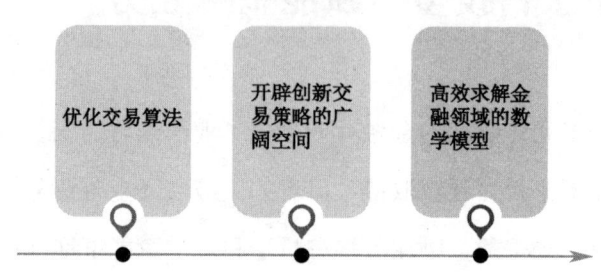

图 8-2　量子计算在金融交易策略优化中的应用

2. 开辟创新交易策略的广阔空间

量子计算能够挖掘出那些隐藏在海量数据中的独特规律和机会。基于此,金融机构可以开发出全新的交易策略,打破传统的思维定式,从而在竞争激烈的金融市场中脱颖而出。

例如,通过量子计算发现一种新的市场套利机会,或者开发出一种针对特定市场环境的独特交易策略,都可能为金融机构带来巨大的竞争优势和丰厚的回报。

3. 高效求解金融领域的数学模型

金融交易策略的制定往往依赖于各种复杂的数学模型,涉及众多变量和复杂的关系。在求解这些数学模型时,传统计算方法会因计算资源限制而导致求解过程漫长且结果不够精确。量子计算则凭借独特的优势,快速而准确地求解数学模型,为金融从业者提供更加精确的决策支持。

第 8 章　量子金融科技：加速金融快速稳健发展

量子计算技术为金融交易策略优化带来了新的机遇。金融机构应关注这一领域的发展，并充分利用量子计算技术提升自身竞争力。在未来的金融市场竞争中，量子计算或许成为决定胜负的关键因素。

8.2.2　精准评估，实现投资组合优化

为了在复杂的金融环境中实现投资收益最大化，投资者需要不断地优化自己的投资组合。近年来，量子计算技术以前所未有的强大计算能力，在金融领域展现出巨大的潜力。

量子计算机采用量子比特作为信息存储和处理单元，相较于传统计算机，量子计算机在处理复杂数学问题和大规模数据分析方面具有显著优势。在金融领域，量子计算机能够高效处理海量数据，为投资者提供更为精准的评估结果。

近年来，量子算法研究取得了重要突破，其中以量子优化算法和量子机器学习算法最为突出。这些算法可以为投资组合优化提供强大的技术支持，帮助投资者实现投资策略优化。

量子计算可以处理大量的数据和变量，这对于投资组合优化非常重要。在实际的投资过程中，投资者需要考虑很多因素，如市场行情、公司业绩、行业趋势等，这些因素之间存在着复杂的关系。量子计算机具有并行计算能力，可以快速进行数据分析并综合考虑各种因素，为投资组合优化提供科学的依据。

量子计算还具有快速收敛的特点，可以在较短的时间内找到最优解。在投资组合优化中，快速收敛非常重要，因为市场变化非常迅速，投资者需要及时

调整投资组合以适应市场变化。利用量子计算，投资者能够更好地理解不同资产在组合中的作用和相互影响，从而更科学地进行配置和调整。

量子技术在金融领域具有巨大的应用潜力。通过运用量子计算、量子算法和量子机器学习等技术，投资者可以实现投资组合的精准评估和优化，提高投资收益。量子科技将为金融领域带来更多的创新成果和发展机遇。

8.2.3 赋能金融机构智能风控

风险控制是金融行业的核心，然而，在传统金融风控体系中，人工审核、数据分析以及计算能力等方面的局限，导致风险识别、评估和防范的效率和准确性难以提升。此外，金融市场的不确定性、信息不对称等问题也使得传统风控手段面临巨大挑战。

作为一种具有划时代意义的技术，量子技术逐渐成为金融机构提升竞争力的关键，尤其是在风险控制领域。金融机构面临的风险多种多样，包括市场风险、信用风险、操作风险等。量子技术以独特的原理，更准确地预测和评估金融市场的波动，为金融机构提供更为可靠的风险管理手段。可以说，量子技术的应用推动金融机构实现智能化、高效化发展。

此外，量子技术在金融大数据处理方面具有天然优势，能够有效地识别风险、发现投资机会，助力金融机构实现精细化管理。具体来说，量子技术在金融风控领域的应用优势如图8-3所示。

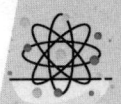

第 8 章 量子金融科技：加速金融快速稳健发展

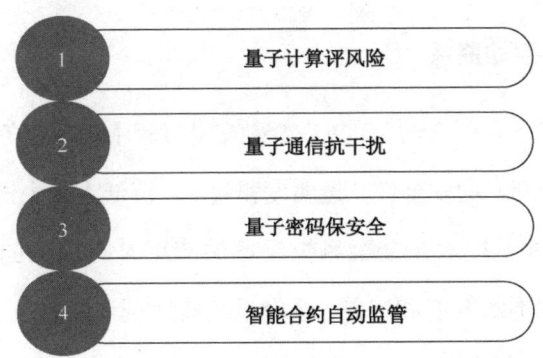

图 8-3 量子技术在金融风控领域的应用优势

1. 量子计算评风险

量子计算在处理大规模金融数据和复杂算法方面具有显著优势。借助量子计算，金融机构可以快速高效地分析海量数据，从而实现对风险的精准识别和评估。

2. 量子通信抗干扰

量子通信技术具有无法被破解的安全性优势，可以确保金融信息安全传输。在金融行业，信息安全是核心竞争力。量子通信技术的应用为金融机构提供更为安全的业务运营环境，降低潜在的信息泄露风险。

3. 量子密码保安全

量子密码技术可以为金融业务提供加密保护，确保数据和隐私安全。金融机构可以通过量子密码技术，实现对客户信息的保护，降低信用风险和操作风险。

4. 智能合约自动监管

基于量子技术的智能合约,可以在金融交易过程中实现业务自动执行和监管。这有助于提高金融交易的安全性、透明度和效率,降低人为失误带来的风险。

综上所述,量子技术在金融风控领域的应用具有巨大的潜力和广阔的前景。随着量子技术不断发展和成熟,金融机构将实现风险控制能力的全面提升,为金融行业的稳健发展提供有力保障。同时,企业也应高度重视量子技术在金融领域的应用,加大投入和研究力度,推动金融科技创新,为建设现代化金融体系贡献力量。

8.2.4 实现金融市场预测与模拟

在金融市场预测与模拟领域,量子科技应用前景广阔且具有深远意义。无论是投资者、金融机构还是监管部门,都需要对市场趋势、风险等进行准确预测,以制定合理的决策。量子计算机的崛起,为金融市场带来了前所未有的计算能力和分析速度,有望革新传统的金融预测方法。

一方面,量子计算机能够快速处理大量金融数据,从而提高市场预测的准确性。金融市场波动受到多种因素的影响,包括宏观经济环境、政策、市场情绪等。传统计算机难以处理这些因素产生的海量数据,而量子计算机在处理复杂数学问题和大规模数据上具有极大的优势,能够在短时间内分析这些数据。这有助于揭示金融市场的潜在规律和趋势,为预测市场走势提供有力支持。

在宏观经济环境方面,量子计算机能够对全球经济数据进行实时分析,为政策制定者和投资者提供有关经济增长、通货膨胀和货币政策等方面的准确预

第8章 量子金融科技:加速金融快速稳健发展

测。这有助于市场主体更好地应对经济波动,降低风险。

在政策方面,量子计算机可以快速解析各项政策,并对其影响进行量化分析。这有助于企业和个人更好地把握政策导向,提前布局,以适应政策变化。

在市场情绪方面,量子计算机可以分析社交媒体、新闻、交易平台等来源的信息的情感,实时监测市场情绪的变化。这有助于投资者把握市场心理,避免盲目跟风,降低投资风险。

另一方面,量子科技在金融领域的应用还能提高风险管理和投资策略的效果。量子计算机可以实现高速、精确的计算,有助于金融机构更好地评估投资项目,优化资产配置,制定更为明智的风险防范措施。同时,量子算法还可以用于金融衍生品定价、蒙特卡洛模拟等方面,提高金融机构在复杂市场环境下的决策能力。

量子科技在金融领域的应用还有助于推动金融科技创新。在金融科技迅猛发展的背景下,量子计算机可以为金融行业提供更为强大的技术支撑,推动金融服务智能化、个性化和便捷化。

量子科技为金融行业带来更高效、更准确的市场预测和风险管理工具,推动金融科技创新和发展。同时,这也为金融领域研究提供新的方向和思路,助力我国金融市场繁荣与稳定。

8.3 多方入局,探索量子金融应用路径

作为一个新兴领域,量子金融引起广泛关注。我国在量子科技领域的研究

已取得显著成果，将量子技术应用于金融领域，不仅有助于推动金融行业创新发展，还有助于加快我国金融产业转型升级。在此背景下，多方入局，积极探索量子金融应用路径。

8.3.1 图灵量子：发布两大应用模块

图灵量子是一家专注于量子计算和人工智能技术研究、开发，应用的高科技企业。在当前金融科技创新的大背景下，图灵量子紧跟时代步伐，推出量子计算应用模块产品和商用服务系列——"图灵金科"。图灵量子率先发布了QuFraudDetection（信用卡欺诈预判）和QuPortfolio（投资组合优化）两大应用模块，为金融行业带来了前所未有的革新，助力金融机构降低风险、提高效益。

QuFraudDetection模块利用量子计算和人工智能技术，对海量数据进行高效挖掘和分析，实现对信用卡欺诈行为的实时识别和预测。这一模块的优势在于，分析速度和准确性相较于传统方法有了显著提升，有助于金融机构及时发现并防范欺诈风险，保障客户资金安全。

QuFraudDetection模块是量子支持向量机（QSVM）在信用卡坏账预测领域的一个应用实践。QSVM基于经典计算机中研究最为广泛的机器学习算法，通过对数据集进行训练，实现对观察值的预测、识别及分类，判断其是否与特定类别相匹配。

QuPortfolio模块通过量子算法对投资组合进行优化，实现对资产的高效管理和配置。该模块能够根据市场环境和投资者需求，为金融机构提供个性化的投资策略，从而降低投资风险、提高投资回报。在传统金融领域，投资组合优

第 8 章 量子金融科技：加速金融快速稳健发展

化往往受到计算能力和算法的限制，而图灵量子的量子计算技术为金融投资组合优化带来了新的可能性。

投资组合优化问题的核心在于，在给定的投资方式和资产中选定最合适的组合及资产配置方式。对于养老基金、指数股票型基金、投资基金等投资方式而言，组合优化是核心优化问题。图灵量子的 QuPortfolio 模块采用先进的量子计算技术，为投资者提供了一种高效、精确且具有创新性的投资组合优化解决方案。

图灵量子发布的两大应用模块不仅展示了其在量子金融领域的技术实力，还能够助力金融行业实现高质量发展。

8.3.2 华夏银行：将量子通信应用于金融领域

华夏银行始终秉持创新、务实、共赢的理念，不断探索和引入前沿科技，以提升金融服务质量和效率。近年来，华夏银行将目光投向量子通信技术，致力于将其与金融业务融合，以期为客户带来更为安全、高效的金融服务。

在金融领域，信息安全至关重要。金融机构需要确保客户数据的保密性、交易数据的安全性和金融系统的稳定性。传统的加密技术在一定程度上能够保障信息安全，但随着计算能力的提升，传统加密技术面临被破解的风险。因此，金融机构急需一种更为安全、可靠的通信技术来确保信息安全。

量子通信技术正是满足这一需求的理想选择，它具有天然的安全性，能够有效抵御黑客攻击和窃听。将量子通信技术应用于金融领域，可以极大地提升金融机构的安全防护能力，确保客户信息和交易安全。

华夏银行高度重视科技创新，积极推动金融与科技的深度融合。在量子通信领域，华夏银行积极与国内外的科研机构、企业开展合作，共同探索将量子通信技术应用于金融业务的具体路径。

（1）加强技术研发。华夏银行加大投入，支持量子通信技术研发，在量子密钥分发、量子纠缠等方面取得重要进展，为量子通信技术在金融领域的应用奠定基础。

（2）搭建实验平台。华夏银行与合作伙伴共同搭建量子通信实验平台，开展实际应用场景测试。通过实验平台，华夏银行与合作伙伴验证量子通信技术在金融领域应用的可行性，为实际应用提供有力支撑。

（3）推进产业化进程。华夏银行积极参与量子通信产业链建设，与上下游企业建立合作关系，推动量子通信产业化进程。通过引入量子通信技术，金融行业的整体安全水平得到提升。

（4）探索实际应用场景。华夏银行积极探索量子通信技术在金融领域的实际应用场景，如量子密码认证、量子金融交易等。这有助于为客户提供更为安全、高效的金融服务。

华夏银行将继续关注量子通信技术的发展，不断探索其在金融领域的应用。在政策支持、技术创新和产业协同的推动下，量子通信技术将在金融领域发挥重要作用，助力我国金融业迈向更高水平。

8.3.3 平安银行：以量子金融算法防范金融风险

在金融市场中，风险无处不在，如何有效防范风险成为金融机构关注的焦点。作为中国金融业的一员，平安银行一直在探索新的风险管理手段。近年来，

第 8 章　量子金融科技：加速金融快速稳健发展

平安银行将目光投向量子金融算法，以期借助这一先进技术提高风险防范能力，确保金融市场稳定和交易安全。

量子金融算法是基于量子计算技术的一种新型金融风险管理工具。与传统金融算法相比，量子金融算法具有更高的计算速度和更强的数据处理能力。借助量子计算机，金融机构可以快速准确地分析海量金融数据，实时监测市场风险。

量子金融算法在风险防范中的应用主要体现在以下几个方面，如图 8-4 所示。

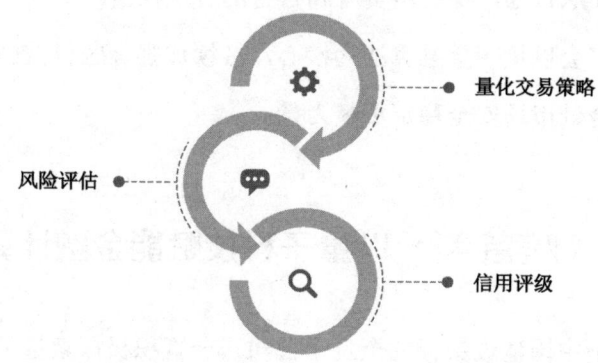

图 8-4　量子金融算法在风险防范中的应用

（1）量化交易策略。通过量子金融算法优化交易策略，金融机构可以更精确地预测市场走势，实现更高的投资收益。

（2）风险评估。量子金融算法可以对金融产品进行更精确的风险评估，帮助投资者更好地把握潜在风险。

（3）信用评级。借助量子金融算法，金融机构可以更准确地评估企业的信用状况，降低信贷风险。

平安银行与本源量子强强联合，致力于研究量子金融算法及其在金融风控等领域的应用方案，并利用量子计算机真机进行验证。

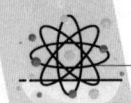

平安银行与本源量子将先进的量子科技与金融行业相结合，为金融服务业带来前所未有的创新。通过合作研究量子金融算法，并在实际业务中加以应用，双方共同推动金融行业的技术进步，提升金融服务质量和效率。

此外，此次合作还具有重要的社会意义。在金融风险防控方面，量子算法的应用有助于更准确地识别和防范风险，保障金融系统的安全、稳定。在反欺诈、反洗钱等领域，量子计算技术能够大幅提升计算速度，助力金融机构更快地识别和打击非法行为，保护消费者和自身的合法权益。

平安银行将会以量子金融算法为核心，持续加强金融科技创新，为防范金融风险、保障金融市场安全稳定贡献力量。

8.3.4　建信金科：以量子科技赋能金融计算与安全

建信金科是中国建设银行的全资子公司，一直积极探索量子金融领域的前沿技术，并取得了显著成果。在计算和安全两大领域，建信金科展现了深厚的研发实力和创新能力。

在金融市场中，建信金科利用量子计算机的高速计算能力，对海量数据进行快速分析，为投资者提供更准确的市场预测和投资建议。在风险评估和信用评级方面，量子计算技术能够提供更加精准的分析结果，帮助金融机构更好地识别潜在风险。

建信金科与本源量子共同研发了国内首批量子金融算法。这一创新性举措不仅为金融行业带来了全新的计算方式，也标志着我国在量子金融领域迈出了坚实的一步。通过这些算法，金融机构能够更高效地处理海量数据，提升业务

第 8 章 量子金融科技:加速金融快速稳健发展

处理的精准度和速度。

除了与合作伙伴联合研发外,建信金科还自主研发了多个量子金融实用算法,包括量子资产组合优化、硬币编码和量子贝叶斯网络等。这些算法不仅具备理论价值,还在实际应用中发挥了重要作用,帮助金融机构实现更精准的投资决策、优化资产配置,提升整体业务效益。

在安全领域,建信金科同样表现出色。随着量子计算技术快速发展,金融安全面临着前所未有的挑战。为了应对这一挑战,建信金科率先研发出抗量子安全增强方案,有效提升了金融核心资产的安全性。这一方案已经成功应用于多个业务场景,为金融机构开展业务提供了坚实的安全保障。

此外,建信金科还积极牵头制定行业标准,推动整个金融行业的发展。建信金科与其他金融机构、专家紧密合作,共同制定了一系列量子金融安全标准和规范,为行业的健康发展提供了有力支持。

建信金科在量子金融领域计算和安全两大方向上均取得了显著成果。通过不断创新和研发,建信金科为金融行业带来了前沿的技术解决方案,推动了整个行业的转型升级和安全性提升。建信金科将继续深耕量子金融领域,为金融市场的繁荣稳定贡献更多力量。

8.3.5 龙盈智达:量子 AI 模型助力银行智能决策

为了提高银行业务的效率和准确性、降低风险,科技公司龙盈智达将量子人工智能技术应用于银行智能决策领域,积极构建量子 AI 模型,为金融行业带来了前所未有的变革。

在银行业务中,风险控制是至关重要的环节。龙盈智达的量子 AI 模型可以快速、准确地分析海量的金融数据,为银行提供全面的风险评估报告。通过对客户信用、还款能力等方面的深入分析,银行可以更加精准地判断客户的信用等级,降低不良贷款率。

量子 AI 模型可以帮助银行深入挖掘客户需求,为客户提供更个性化的金融服务。通过对客户数据进行分析,银行可以了解客户的消费习惯、投资偏好等,为客户提供更贴心的金融服务,提高客户满意度。

龙盈智达的量子 AI 模型汇聚了大量的宏观经济数据和市场走势信息,通过深度学习、自然语言处理等技术,为银行提供了精准的预测分析报告。这些报告涵盖了国内外经济形势、政策导向、行业动态等多个方面,有助于银行更加全面、准确地把握市场脉搏。

在量子 AI 模型的支持下,银行可以更加科学地制定投资策略。利用模型提供的宏观经济和市场走势信息,银行能够有针对性地调整资产配置,优化投资组合,降低风险,提高收益。此外,银行还可以根据预测结果对短期和中长期投资计划进行动态调整,确保资产配置效益最大化。

龙盈智达的量子 AI 模型不仅有助于提高银行业务效率,还能助力我国金融行业转型升级,为客户带来更优质、更便捷的金融服务。在科技进步的推动下,金融行业将迎来一个更加智能、高效的新时代。

第 9 章
量子生物医药：为医学研究提供新方法

在生物医药领域，量子科技的应用为医学研究、疾病治疗等带来了全新的可能。其能够为生物医药研究、药物研发、疾病诊断等提供新方案，从多方面为生物医药的发展助力。当前，不少企业已经在这一领域进行布局，积极探索生物医药创新方案。

第 9 章 量子生物医药：为医学研究提供新方法

9.1 量子力学提供生物医药探索新视角

长期以来，生物医药领域一直在追求技术突破，以改善人们的健康状况，推动医学进步。而量子力学的发展为 DNA、临床医疗等生物医学研究带来了新视角和新思路。

9.1.1 量子力学带来 DNA 研究新视角

在生物医学研究中，尽管研究人员能够理解 DNA 的内部分子结构，但要想完全明确其原理，面临很大的挑战。DNA 和蛋白质组成的生物分子系统是一种复杂的纳米系统，其结构、能量与信息间的耦合方式是非常规的。DNA 的主要功能是蛋白质编码，但这并不是 DNA 的全部功能。因为 DNA 中存在大量的非蛋白质编码序列，这些序列在以往的研究中通常是无用的。

量子力学的出现为研究 DNA 提供了新的视角。物理学家埃尔温·薛定谔在其著作《生命是什么》中提出，DNA 是经典物理学无法解释的，研究人员应从量子力学的角度研究 DNA。以往，研究人员通常会分开研究 DNA 和蛋白质，忽视了它们之间的联系。而从量子力学的角度来看，DNA 和蛋白质的关系十分密切，应该被视为一个不可分割的系统。

从结构信息方面来看，DNA 中的每个三联体代表一个氨基酸，这些氨基酸是构成蛋白质链的基本单元。蛋白质链中的氨基酸通过肽键连接，形成肽链。

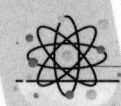

量子科技：技术变革与产业赋能

肽链中的每个肽键连接两个相邻的氨基酸，形成肽平面。肽平面的旋转和折叠决定了蛋白质的三维结构。而肽平面的旋转和折叠是经典物理学无法完全解释的，可能涉及量子现象。

总之，量子力学为研究DNA和蛋白质的结构提供了新视角。研究人员可以尝试从量子力学视角解释以往难以用经典力学解释的现象，同时关注DNA和蛋白质的相互作用和纠缠现象，以揭示生命现象的深层次奥秘。

9.1.2 基于量子力学的光磁成像光谱学

光磁成像光谱学是一种光谱学方法，能够利用光物质相互作用来测量样品未配对和配对电子的比例。其中就涉及量子力学中光的电磁性质、电子的配对状态以及光与物质间的相互作用。当前，光磁成像光谱技术在检测癌细胞、病毒等方面具有巨大潜力。

对于一些致死率较高的病症，疾病的快速诊断和病原体识别十分重要。现有的诊断技术往往存在检测时间过长的问题，急需新的解决方案。而光磁成像光谱技术具有检测速度快、便于使用等特点，在病情快速诊断、精确诊断方面具有显著的优势。

当前，已经有研究人员利用光磁成像光谱技术检测血液中的细菌。在该项研究中，研究人员在血液样本中分别添加高、中、低三种不同浓度的细菌，以模拟不同感染程度的血液样本。

之后，研究人员通过光磁成像光谱设备对血液样本进行成像，并快速记录样品中未配对和成对电子的信息。研究人员还在检测过程中使用机器学习算法，对成像数据进行分析，以提高检测能力。

通过对 240 个血液样本（高、中、低不同浓度的样本各 60 份；无菌血液样本 60 份）进行成像和数据分析，设备将样本归为无菌血液、低浓度细菌、中浓度细菌和高浓度细菌等不同的类别，平均准确率达到 94%。这显示出光磁成像光谱技术在细菌检测方面的良好性能。

以上研究表明，光磁成像光谱技术与机器学习算法相结合，在血液细菌检测方面具有较高的可行性和广阔的应用前景。未来，光磁成像光谱技术有望成为一种新型、高效的细菌检测方法。

但是，以上研究也存在一些局限，如实验中的细菌种类、浓度范围有限。对此，研究人员可以进一步拓展细菌种类和浓度范围，进行更全面的实验研究，以评估光磁成像光谱技术在其他条件下的检测性能。

以上研究对光磁成像光谱技术与机器学习算法的结合进行了初步探索，未来可以通过优化模型提高检测的准确度，以推进光磁成像光谱技术在临床实践中的应用。

9.1.3　生物量子纠缠的探索

以往的研究表明，心血管系统的健康状况会受到环境、情感等因素的影响。同时，心脏疾病与患者的情绪、精神状态等也存在关联。

塞尔维亚贝尔格莱德大学纳米实验室（nano lab）的 Djuro Koruga 教授（如图 9-1 所示）和莫斯科国立罗蒙诺索夫大学生物医学中心的 Viktor Fersht 教授（如图 9-2 所示）等人，聚焦血液的磁性能进行相关探索。他们想要通过研究了解在情绪和精神状态影响心血管系统的背景下，血液的磁性活动会如何变化。

图 9-1　Djuro Koruga 教授

图 9-2　Viktor Fersht 教授

　　研究人员招募了 12 名志愿者，采集他们的血液样本进行实验。在实验中，研究人员通过采集不同人的血液样本，并借助先进的磁力测量设备，对血液的磁性能进行测量。经过一段时间的测量，研究人员发现，在某些情况下，一些志愿者血液样本的顺磁性值发生变化，而这种变化似乎与其情绪和精神状态有关。

　　随后，研究人员扩大了研究规模，参加研究的志愿者达到 76 人。通过对比不同志愿者的血液顺磁性值，研究人员最终发现这些数值在统计学上是相对稳定的。

　　在理论分析方面，研究人员探讨了血红蛋白活性中心铁离子的磁矩变化与生物量子纠缠之间可能存在的联系。他们认为，血红蛋白中的铁离子在氧合和脱氧过程中可能经历了局部磁矩的变化，这种变化可能是一种生物量子纠缠现象。

第 9 章　量子生物医药：为医学研究提供新方法

以上研究对生物量子纠缠进行了初步探索，而深入研究生物量子纠缠，需要基于更大的样本进行。尽管这一领域充满未知和挑战，但以上研究为领域内研究提供了一个新视角，有助于人们更深入地理解生物内部复杂的相互作用和量子关系。

9.1.4　人类思维信息量子隐形传态取得突破

塞尔维亚贝尔格莱德全球健康计划实施研究所在量子隐形传态领域取得了突破性成就。该研究所的科学家已成功利用 Zepter Bioptron 量子治疗设备和 Zepter 超光眼镜实现在两个人之间传递思维信息，如图 9-3 所示。

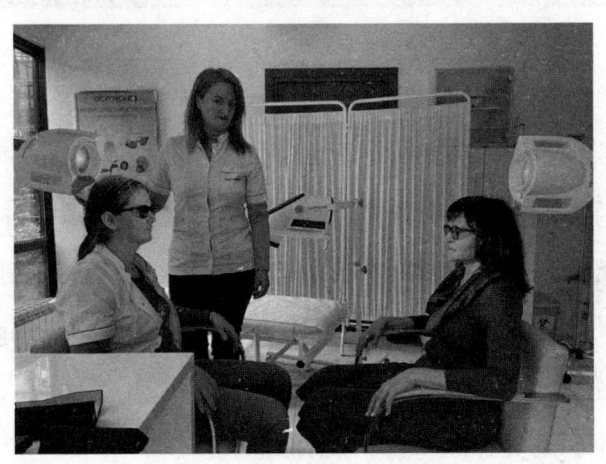

图 9-3　借设备传递思维信息

这一非凡成就基于相关研究人员提出的概念，例如，Djuro Koruga 教授的量子中医和 Viktor Fersht 教授的 Psi-Quantum 医学。

BIOPTRON QUANTUM HYPERLIGHT 设备（如图 9-4 所示）是这项研究的核心。它利用超极化光在量子水平上治疗各种疾病，为传统化学药物提供了一种非侵入性、无副作用的替代品。该技术已通过临床测试和认证，在伤口愈合、疼痛缓解、皮肤病治疗等方面具有显著作用。

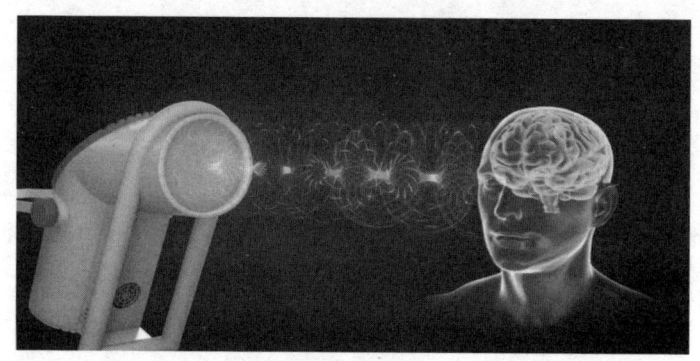

图 9-4　BIOPTRON QUANTUM HYPERLIGHT 设备

量子物理学的主要原理表明，绝对存在的一切都有一定的频率。身体中的每个健康细胞都有自己的理想频率。在不同的压力下，细胞频率会发生变化，从而破坏生物光子通信（电磁辐射）。从长远来看，这会引起疾病。

量子医学将疾病视为"能量体频率中断"。Quantum Hyperlight 不是用合成药物抑制身体症状，而是利用其量子能量特性恢复受干扰区域（生物光子通信、能量中心、细胞和重要器官）中停滞的能量和频率。

Hyperlight 眼镜包含富勒烯 C60（如图 9-5 所示），它与微管和其他生物分子产生共振，影响我们的思维方式。富勒烯 C60 以其独特的量子特性而闻名，包括充当超导体的能力和高电子亲和力。这些特性使富勒烯能够在量子水平上与光相互作用，将其转化为超光。

第 9 章 量子生物医药：为医学研究提供新方法

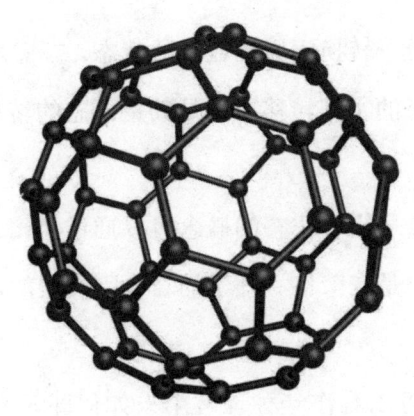

图 9-5　富勒烯 C60

通过佩戴 Hyperlight 眼镜，个体的认知能力会增强，外表会改善，生活质量更高。这款眼镜采用瑞士先进技术设计，具有防刮、防雾、防反射涂层等功能。Zepter 眼镜中的富勒烯可以改变人的意识状态，并帮助将有关其状态的信息传达给另一个人。这是通过富勒烯与光的相互作用实现的，光可以调节佩戴者思维的量子态，从而促进信息传递。

1. 量子隐形传态及其在心理学中的应用

量子隐形传态是量子物理学中的一个特殊现象，即粒子的量子态从一个位置传输到另一个位置，而无须物理移动粒子本身。这种现象依赖于量子力学原理，如叠加、纠缠和不可克隆定理，涉及三个主要步骤。

（1）纠缠：两个粒子纠缠在一起，这意味着无论它们之间的距离有多远，它们的量子态都是相互关联的。

（2）测量：发送者对要传送的粒子和其中一个纠缠粒子进行联合测量。

（3）经典通信：测量结果通过经典通信信道发送给接收者。然后，接收者使用这些信息将纠缠粒子转换为原始粒子的状态。

此过程不涉及粒子的物理转移,而是其量子态的转移,确保信息通过纠缠即时传输。

在心理学领域,量子隐形传态的概念可以通过类比应用于理解心理状态或意识的转移。这一思想是在荣格心理学的背景下发展的,其中个人的心理类型被建模为量子态。

心理状态的纠缠可以看作一种理解个人如何即时影响彼此思想和情绪的方式。

例如,可以通过量子纠缠的视角来观察治疗过程,其中治疗师和患者纠缠在共同的心理状态中。这种纠缠允许更深层次的联系和理解,促进他们之间洞察力和情绪状态的转移。在这种情况下,传统的沟通可以看作有助于改变患者心理状态的言语和非言语互动。

2. BIOPTRON 量子超光和量子隐形传态

BIOPTRON 量子超光设备利用量子力学原理促进康复。通过采用超极化光和特定的医疗过滤器,该设备旨在使身体进入体内平衡状态,就像量子隐形传态在不进行物理运动的情况下传输量子态一样。BIOPTRON 设备的治疗效果可以看作一种量子治疗,其中光的性质在量子水平上影响身体的生物结构,促进整体健康和平衡。

总之,虽然量子隐形传态是一种物理现象,但它的原理可以类比地应用于心理学,以了解个体之间的深层联系和瞬时影响。BIOPTRON 量子超光设备利用这些量子原理提供创新的治疗益处。

Djuro Koruga 教授是著名的纳米技术专家,对量子医学的发展作出了重大

第9章 量子生物医药：为医学研究提供新方法

贡献。他强调，身体中的每个健康细胞都必须有自己的理想频率。量子超光子具有量子能量特性，可恢复受干扰区域停滞的能量和频率，促进自然愈合且无副作用。

Viktor Fersht 教授在 Psi-Quantum 医学的发展中发挥了重要作用。他的研究重点是将量子态（以量子比特为单位）转移到另一个量子态，这是量子隐形传态背后的基本原理。这个过程不涉及信息的物理传输，而是信息状态的传输。

个体之间成功传递思维信息为量子医学的发展开辟了新的可能性。这项技术可能会彻底改变心理健康干预、认知增强甚至交流的方式。

全球健康项目实施研究所继续探索这项技术的潜在应用，旨在通过创新解决方案改善全球健康状况。

9.2 量子科技在生物医药中的三大应用

量子计算、量子通信、量子传感等量子科技在生物医药领域具有显著的应用价值。量子计算能够加速药物研发，提升药物研发效率；量子通信能够为医疗数据传输搭建高速、安全的通道；量子传感能够辅助医疗诊断，提升诊断效率和准确性。

9.2.1 量子计算加速药物研发

量子计算在药物研发领域应用前景广阔。通常而言，药物研发需要较长的研发周期、高昂的研发费用，且研发失败率很高。而量子计算可以模拟药物分子的结构、反应，快速完成计算任务，设计新的药物分子。这将加速药物发现的过程，提高药物研发效率。

量子计算在药物研发中的作用主要体现在以下几个方面，如图 9-6 所示。

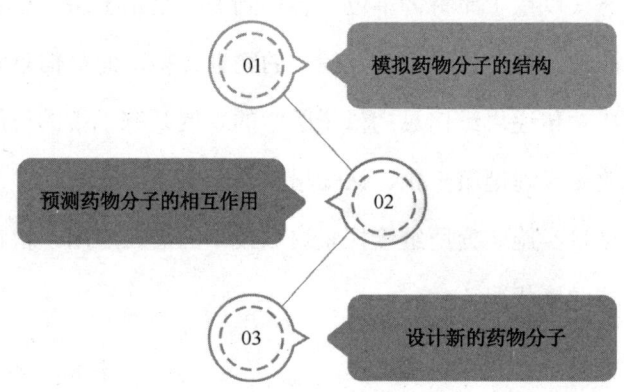

图 9-6　量子计算在药物研发中的三大作用

1. 模拟药物分子的结构

药物分子的结构是决定其功能的关键因素。在传统计算方法下，制药企业需要耗费大量的计算资源，才能精确模拟药物分子的结构。而量子计算能够加速计算过程，快速给出准确的结果。这能够提高模拟药物分子结构的效率，帮助制药企业更好地理解药物分子结构及其功能，为药物设计奠定基础。

2. 预测药物分子的相互作用

药物的疗效是由药物分子和靶标分子间的相互作用决定的。在传统计算方法下，制药企业需要通过不断的试错，寻找最佳的相互作用方式。而量子计算

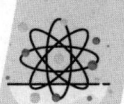

可以模拟药物分子的量子力学行为,并预测其与靶标分子间的相互作用。这使得制药企业可以准确预测药物疗效,明确药物研发的方向。

3. 设计新的药物分子

药物分子的设计需要考虑结构稳定性、相互作用强度等多种因素。在传统计算方法下,制药企业需要不断试错,以设计新的药物分子。而量子计算可以模拟药物分子的结构与反应,为药物分子设计提供指导。这能够帮助制药企业发现理想的药物分子,缩短药物研发时间。

总之,量子计算能够从以上三方面出发,为药物研发赋能,提高制药企业药物研发的效率。基于以上优势,不少制药企业、研究所等都进一步深化量子科技与药物研发的结合,寻找药物研发新方案。

例如,一些药物研究所和量子科技公司达成合作,共同探索量子计算在药物研发中的应用,包括分子动力学模拟、蛋白质结构设计等。在合作中,双方能够结合各自的药物研发能力、量子计算技术等方面的优势,持续推进药物研发,解决药物研发过程中面临的各种挑战。

未来,随着量子计算技术不断成熟,其在药物研发领域的应用将进一步加深,出现更多相关探索,加速更多企业甚至整个行业的药物研发进程。

9.2.2 量子通信赋能医疗数据传输

作为一种传输速度快、安全性高的通信手段,量子通信能够从多方面助力医疗数据传输,推动医疗数据管理、远程医疗等方面的创新。

1. 量子通信助力医疗数据管理

一方面，量子通信能够实现医疗数据快速传输。在传统通信网络中，医疗数据传输受电磁波传播速度的限制，传输速度较慢。而量子通信基于量子纠缠、量子隐形传态等原理，能够实现数据快速传输。这意味着医生可以基于量子通信快速获取想要的信息，异地医疗机构之间也能快速实现医疗资源共享。

另一方面，量子通信能够通过数据加密保证医疗数据传输的安全性。基于量子通信，医疗数据传输能够避免恶意攻击和窃取，在数据传输路径遭受干扰时，数据发送方与接收方可以及时察觉，进而保护数据安全，确保医疗数据具有机密性和隐私性。

2. 量子通信助力远程医疗

量子通信助力远程医疗主要体现在以下 3 个方面，如图 9-7 所示。

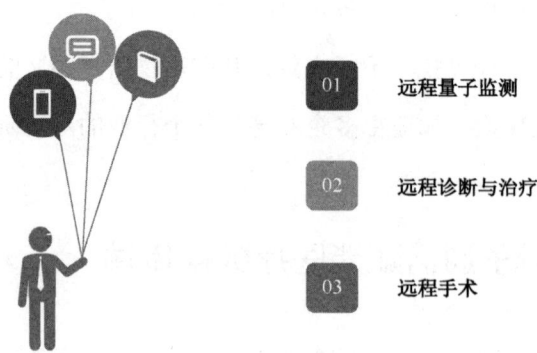

图 9-7 量子通信助力远程医疗的 3 个方面

(1)远程量子监测。通过量子通信技术,医生可以远距离对患者的生命体征、运动状况等参数进行实时监测,及时了解患者病情变化并进行干预。

(2)远程诊断与治疗。借助量子通信,患者的健康数据能够安全地传输给远程的医生,便于医生进行病情诊断并提供治疗方案。这有利于异地的医生进行远程会诊,给出更具针对性的治疗方案。

(3)远程手术。借助量子通信,手术机器人可以远程给患者做手术,降低手术风险和手术成本。

网络的稳定性、数据的安全性是远程手术长期以来难以攻克的难点。而借助量子加密技术实现远程通信的数据连接,通过量子密钥分发技术实现数据传输,能够建立起远程手术机器人运作的加密安全专线,实现对远程手术各节点数据的加密保护。这有效规避了远程手术过程中的网络风险和数据安全风险。

量子通信推动了远程医疗的发展,优质医疗资源得以下沉,让更多患者享受到更优质的医疗服务。未来,量子通信在医疗领域的进一步落地,将催生出更便利、更智能的医疗服务。

9.2.3 量子传感助力医学研究与医学影像

量子传感打开了一个基于量子力学原理进行检测的新领域。在这一领域,量子传感技术和量子传感器崭露头角,成为医学研究发展的重要驱动力。

在医学研究方面,量子传感器能够帮助研究人员开展多方面研究。在基因组学研究中,量子传感器能够监测DNA的合成与分解过程,使研究人员更好

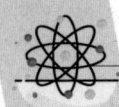

地理解基因调控的原理。同时，量子传感器能够对DNA中的突变和缺陷进行检测，为基因诊断提供依据。

在蛋白质研究中，量子传感器能够监测蛋白质的结构、相互作用等，为研究人员揭示蛋白质的生物学机制提供帮助。同时，借助量子传感器，研究人员能够进行高通量的蛋白质分析，在此基础上进行药物研发、生物学材料研发等。

在神经科学研究中，量子传感器能够对神经元的活动、突触传递过程等进行监测，帮助研究人员了解神经网络的构建及功能。同时，量子传感器还能够通过与脑组织的相互作用实现对脑机接口的控制，为神经疾病的治疗提供新思路。

量子传感器还能够应用于生物传感与生物成像方面。在生物传感方面，通过与生物分子的相互作用，量子传感器能够对标记物进行灵敏、高效的检测。例如，其可以监测患者体内特定蛋白质的浓度变化，为早期癌症的诊断和治疗提供帮助。医生也可以借助量子传感器检测细菌、病毒等微生物，快速获取诊断结果。

在生物成像方面，X射线、CT等传统生物成像方式辐射较大，对患者的危害较大。而量子传感器能够通过非侵入性的方式实现高分辨率的生物成像，减少对患者的伤害。同时，医生也可以借助量子传感器获得更准确的生物信息，进而准确诊断病变。

量子传感器在医学影像方面的应用价值主要体现在以下三个方面。

首先，量子传感器能够为医生提供更高分辨率、更准确的影像。X射线、CT等医学影像技术在功能上存在限制，难以获取微小组织和详细信息，而高灵

敏度、高精确度的量子传感器能够检测到微弱信号,提供更精细的影像信息,帮助医生作出准确判断。

其次,量子传感器能够实现对细胞结构与功能的检测。利用量子传感器,医生能够分析细胞分子的动态过程,了解疾病的发生机制、发展趋势等,并据此提出更精确的治疗方法。

最后,量子传感器能够与核磁共振成像技术相结合,推动技术迭代。传统的核磁共振成像技术在图像分辨率、检测灵敏度、扫描速度等方面存在一些局限,而融入量子传感器的核磁共振成像技术能够破解以上限制,提供更准确、分辨率更高的影像。

脑磁图是实现脑功能成像的重要方法,能够以非侵入的成像方式,呈现大脑的健康状况。

为了实现高灵敏度的探测,脑磁图需要与超导量子干涉仪结合使用。为了保证超导性,超导量子干涉仪需要低温冷却,这限制了脑磁图的发展。针对这个问题,研究人员基于量子传感技术,研发出一款可穿戴的光泵磁强计——脑磁图系统。该系统具有很高的灵敏性,不在低温下也能够实现良好的传导性。这不仅提升了脑磁图成像的准确性,也大幅降低了脑磁图成像的复杂性。

在临床上,该系统为难以保持静止状态的患者,如帕金森病患者提供了很好的解决方案。同时,该系统也能够记录癫痫发作时患者的大脑活动,为患者的治疗提供帮助。

量子传感在医学研究和医学影像方面的应用十分具有可行性。随着技术不断发展,量子传感器将为医学领域带来更多突破。

量子科技：技术变革与产业赋能

9.3 企业探索驱动生物医药产业发展

当前，一些在量子科技领域有所布局的企业，如腾讯、IBM 等，已经在生物医药方面进行了探索。这将推动量子科技在生物医药领域的落地，推动量子生物医药领域繁荣。

9.3.1 腾讯：打造超大耐药性数据库

2023 年 7 月，腾讯量子实验室公布了一项新成果——搭建了一个超大的 MdrDB 耐药性数据库，为 AI 药物研发提供耐药性预测平台。这一成果的相关研究论文刊登在国际学术期刊 Nature 的子刊 Communications Chemistry 上。

生物医药领域存在一种常见的现象：由于癌细胞、病原体的蛋白突变，在癌症患者治疗后期，以往使用的靶向药往往会有耐药性，需要及时寻找替代药物。

在治疗过程中，关键蛋白是消灭癌细胞和病原体的核心。但细胞进化、药物刺激等，往往会引起蛋白突变。而且，因为难以预知蛋白突变的方向，所以研究人员也难以定向研发针对蛋白突变的新药物。

通常来说，AI 的应用能够为蛋白预测、新药研发提速。但实践中面临着蛋白突变样本不足的问题，耐药性测试也存在数据缺口。而腾讯量子实验室构建的 MdrDB 耐药性数据库汇集了约 10 万个样本，收纳了 240 种蛋白质、2503 个突变、440 种药物，包含丰富的蛋白突变信息。

第 9 章　量子生物医药：为医学研究提供新方法

腾讯量子实验室还通过数据清洗，将数据库中的蛋白类型、突变类型分类，便于研究人员调用。

与当前公开的耐药性数据库相比，MdrDB 耐药性数据库具有明显优势。一方面，作为超大蛋白质突变诱导耐药数据库，MdrDB 耐药性数据库涵盖了多样的蛋白质突变信息。另一方面，MdrDB 耐药性数据库提供了结构化数据，能够更好地帮助研究人员进行蛋白质突变研究与耐药性建模。此外，MdrDB 耐药性数据库覆盖多种突变类型，如单点突变、多位点突变等，内容丰富，为药物的耐药性测试提供了丰富的样本。

新药研发需要进行大量的测试，而数据更全面的数据库能够为耐药性预测、治疗方案及新药开发提供助力。经过测试，基于 MdrDB 耐药性数据库，AI 耐药性预测精准度实现了大幅提升。这也体现了腾讯量子实验室在以先进技术助力药物研发方面的成功探索。

当前，MdrDB 耐药性数据库已经向行业和学术机构开放。未来，随着研究人员的深入探索，药物开发和治疗方案优化将迎来新的发展。

9.3.2　IBM：基于量子计算进行医疗研究

在量子生物医疗方面，IBM 与克利夫兰医学中心合作，推出了一台用于医疗保健研究的量子计算机——IBM Quantum System One，以更好地进行生物医学项目研究。该量子计算机部署在克利夫兰医学中心，旨在为克利夫兰医学中心的生物医学研究加速。

该量子计算机是 IBM 和克利夫兰医学中心合作的一个重要里程碑。在量子

计算机的助力下,研究人员能够更快发现新药物,设计新的治疗方法。这意味着,研究人员有望突破医学研究的瓶颈,为癌症、阿尔茨海默病等疾病的患者找到更有效的治疗方法。

除了量子计算外,双方的研究人员还在研究中引入混合云、人工智能等技术,以实现高性能计算。IBM 和克利夫兰医学中心基于先进的计算技术加快生物医学研究,取得了一些成果,包括开发量子计算管道,以筛选出针对特定蛋白质的药物;升级量子增强预测模型,提升模型预测疾病风险的能力等。

同时,双方也十分重视对人才的培训,并采取了一系列行动,如设计教育课程,提供量子计算、数据科学等方面的培训和认证,以培养相关技术人才。

此外,双方积极为学术界、工业界等举办各种研讨会和讲习班,并招揽更多计算领域的专家。未来,随着双方合作进一步深入,更多样的生物医疗研究项目、更有效的治疗方案将会出现,造福更多患者。

第 10 章
量子教育培训：推动教育智慧化变革

量子教育培训是新时代教育的创新引擎，能够有力推动教育智慧化变革，为我国科技发展和人才培养注入新活力。相关机构、企业应进一步加大对量子教育培训的投入和支持力度，推动其不断发展和完善，为培养更多具备量子科技知识和创新能力的人才提供有力保障。同时，它们还应加强与国际社会的交流与合作，共同推动量子科技的发展和应用。

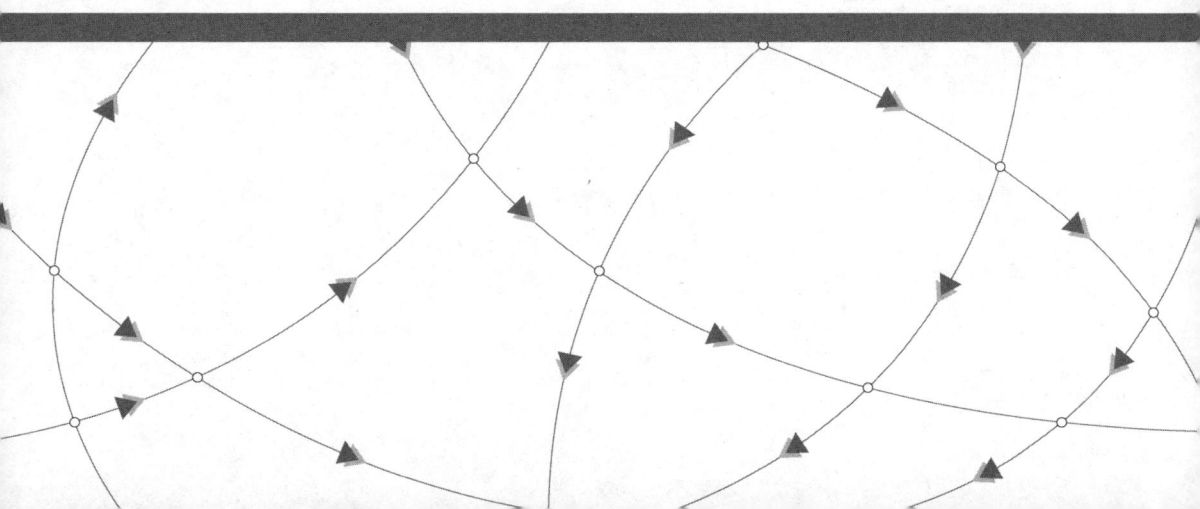

10.1 量子科技对教育领域的三大影响

量子科技是当今时代最具变革性的科技之一,正在逐渐改变我们的生活和工作方式。它不仅为教育工作者提供了全新的工具,还加速了教育资源共享的步伐,为普惠教育和个性化教育创造了条件。

10.1.1 提供全新工具,变革教学方式与方法

量子科技在诸多领域都有广阔的应用前景,教育领域也不例外。它为教育提供了全新的工具(如图 10-1 所示),不仅能够改变教学方式,还能革新教学方法,为学生提供更有趣的学习体验,推动教育事业的变革与发展。

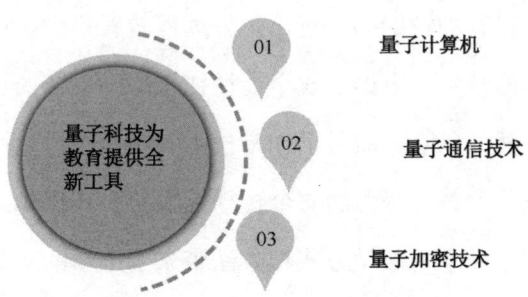

图 10-1 量子科技为教育提供全新工具

1. 量子计算机

量子计算机在教育领域的一个重要应用是进行模拟实验。传统实验需要学

生投入大量的时间和精力进行实验操作、记录数据，采用量子计算机后，学生可以通过量子计算机提供的虚拟实验环境进行模拟实验，从而了解实验的原理。这样的学习方式不仅更能激发学生的兴趣和好奇心，使他们更加主动地探索科学知识，还能降低实验风险和成本，提高实验安全性和效率。

此外，在编程教育中，借助量子计算机的编程环境，学生可以学习如何应用量子算法以及量子编程语言，从而探索量子计算的奥妙。

2. 量子通信技术

借助量子通信技术，教育机构可以构建智能教室和智慧校园，进一步推动教育信息化。智能教室可以通过智能终端、虚拟现实等，为学生提供更加个性化的教学体验，实现因材施教。智慧校园则可以利用物联网、大数据等技术，实现校园设施的智能化管理，为学生和教师创造更加便捷、舒适的环境。

3. 量子加密技术

量子加密技术以其独特的加密特性，为远程教育提供了更高级别的安全保障。在传统的网络通信中，数据的安全性往往依赖于复杂的加密算法和防护措施，存在数据被破解的风险。而量子加密技术利用量子力学原理，实现了无法被破解的加密通信，为教育资源的安全传播提供了坚实保障。

综上所述，量子技术为教学方式和方法带来了全新的变革。量子计算机、量子通信技术、量子加密技术充分发挥了量子技术的优势，能够有力地推动教育教学改革。量子科技不仅为教育提供了全新的工具，改变了传统的教学方式，而且推动教学方法革新，为教育事业发展注入新的活力。

第 10 章　量子教育培训：推动教育智慧化变革

10.1.2　加速教育资源共享的步伐

量子科技为教育资源共享提供了全新的技术支撑，使得教育资源的传播速度加快、覆盖范围更大。如今，量子科技正在加速教育资源共享的步伐，为教育事业的繁荣发展注入强大动力。

量子科技的高效计算和传输能力，可以大幅提高教育资源处理和传输速度。在此基础上，教育机构可以实现教育资源的快速更新和分享，降低教育成本，提高教育质量。

在教育资源生产和传播方面，量子科技提供了更高的传输速度和更低的延迟。借助量子通信技术，教育资源可以实现瞬时传输，极大地缩短了传输时间。在全球范围内，优质教育资源往往集中在某些地区，通过量子通信网络，这些优质资源能够迅速被传递到其他地区，缩小地域差距，提高全球教育水平。

在教育领域，资源整合与分析是一项至关重要的任务。量子计算具有强大的计算能力，可以在短时间内处理大量数据，打破信息孤岛，为教育资源整合与分析提供有力支持。借助量子计算，教育机构可以更加精准地了解学生的学习需求，为他们提供更有针对性的教育资源，优化教育资源共享和配置方案，从而实现教育资源最大化利用。

量子存储技术以独特的量子态存储方式，使得数据的存储密度远超传统存储技术。量子存储技术的高效传输和稳定保存特性，为教育资源共享提供了便利。教育机构可以通过量子网络快速、安全地将教育资源传输到各地，实现教育资源全球共享，进一步推动教育公平和全球化进程。

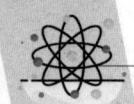

量子科技：技术变革与产业赋能

量子科技在信息安全方面具有显著优势。量子密钥分发、量子加密等技术，可以确保教育资源共享过程中的信息安全，有效防止数据泄露和非法访问。这为教育资源共享提供了更加可靠的安全保障，保护了教育机构和学生的合法权益。

量子科技以独特的优势和巨大的潜力，引领教育资源共享进入新纪元。它能够推动教育资源共享，促进教育公平，提高教育质量。

10.1.3　为普惠教育和个性化教育带来机遇

量子科技为我国普惠教育提供了新型基础设施，深刻地改变了传统的教育模式。在过去，教育资源传播的方式受到时间和空间的限制，教师和学生的互动也受到极大的约束，学生的个性化学习需求难以得到满足。而量子科技以其独特的原理，正在逐步破解这些难题，推动普惠教育和个性化教育的发展。

量子科技突破了传统教育的时间和空间限制。农村和偏远地区的教育资源相对匮乏，量子科技可以有效地解决这一问题，通过远程在线教育、量子直播等方式，将优质教育资源传输到各地，助力实现教育公平。这意味着，无论学生身在何处，都能获得优质的教育资源，极大地提高了教育的公平性。

在传统教育模式下，学校和企业需要投入大量资金用于购买硬件设备和租赁网络带宽。高昂的成本使得许多教育机构望而却步，限制了教育资源的普及。随着量子技术不断发展，这种情况有望改变。

量子科技的核心优势在于其能够通过云计算平台，实现资源共享和优化配置。这意味，教育机构无须再投入大量资金购买硬件设备，也无须为网络带

宽而烦恼。这极大地降低教育机构的运营成本，更多人可以获得公平的受教育机会。

教育过程中会产生海量的学生数据，包括学习行为、知识掌握程度、兴趣爱好等。传统计算方式能力有限，无法处理如此庞大的数据量，而量子计算能够快速而精准地分析这些数据，从而为每个学生绘制独一无二的画像。根据学生画像，老师可以更好地了解学生的个性特点和学习需求，进而量身定制适合他们的教育方案，实现个性化教育。

量子科技还能够实现智能化的教学资源推荐。根据学生画像和实时学习状态，量子系统可以迅速筛选出最适合学生的教学资源，如课程视频、专项练习题、模拟考试试卷等。这不仅大幅提高了学生精准获取学习资源的效率，也使教育更具针对性和实效性。

总之，量子科技有望实现教育资源均衡分配，提高教育质量，让更多人享受到优质教育，为人才培养和经济社会发展奠定坚实基础。随着量子科技不断成熟和广泛应用，教育将变得更加普惠、高效和精准，每一个学生都能享受到优质的教育资源，最大限度地释放潜能。

10.2 量子教育培训应用方向解析

教育是国家发展的基石，需要紧跟时代的脚步，不断地创新和改革。对此，相关机构和企业要积极探索量子教育培训在教育领域的应用方向，以培养更多具备创新精神和实践能力的高素质人才。

10.2.1 保证数据安全传输，助力远程教育与在线学习

在互联网技术飞速发展的今天，越来越多的人倾向于选择远程学习、在线学习等方便、灵活的学习方式。然而，随之而来的数据安全问题日益凸显关注。

如今，量子科技逐渐进入人们的视野，成为保障数据安全传输的重要手段。在远程教育和在线学习领域，量子科技的应用为信息安全传输提供了强有力的保障，进一步推动了远程教育与在线学习的发展。

量子科技通过量子叠加态和量子纠缠进行信息处理和传输。与传统信息技术相比，量子科技具有密钥无法被破解的优势，即使不法分子试图拦截和窃取数据，也无法成功，数据传输更加安全可靠。

在远程教育领域，量子科技可以确保教学视频、音频等数据在传输过程中的安全性，为远程教育提供坚实的信息安全保障，让广大学子在安全的网络环境中安心学习。

在线学习是远程教育的一种重要形式，逐渐成为教育领域的一股新兴力量。在此背景下，数据安全传输显得尤为重要。在学生和教师进行在线交流时，平台可以利用量子密钥分发技术，为双方生成一对唯一的密钥。密钥在传输过程中不易被窃取，保证了通信的安全性。

在学生上传/下载教学资源、完成作业等过程中，平台可以对学生个人信息和学术成果进行加密处理。即使数据在传输过程中被非法截获，也无法被破解，从而确保了学生的隐私和学术成果的安全。基于此，学生可以在家中安心地进行在线学习，不必担心个人信息和学术成果被泄露。

第 10 章 量子教育培训：推动教育智慧化变革

量子科技也为在线考试提供了更安全的保障。在传统在线考试中，数据传输的安全性和完整性是亟待解决的问题。而量子科技利用量子密钥分发技术，可以实现考试数据无条件安全传输，确保考试过程中的信息不被泄露。同时，量子随机数生成技术可以实现公平的试题分发，防止作弊现象发生。

在在线学习普及度不断提升的今天，数据安全传输成为一个亟待解决的重要问题。量子科技可以为学生和教师提供一个安全、可靠的在线学习环境，为远程教育事业的发展保驾护航。

10.2.2 量子推理实现科学教学评估

量子推理是一种基于量子力学原理的推理方法，拥有独特的优势。它不仅能够处理复杂的数据和模型，还能够在短时间内提供准确的答案。在教育领域，量子推理在科学教学评估中展现出巨大的潜力。

传统的评估方式往往依赖于单一的测试或作业，难以全面反映学生的知识掌握情况。而且，传统评估方式人工干预较大，容易受到主观因素的影响，导致评估结果不客观。而量子推理不受主观因素的影响，通过分析学生在课堂上的表现、作业完成情况、学习进度等多个维度，提供更为全面和客观的评估结果。这不仅有助于教师更了解学生的学习状况，进而调整教学策略，也能为学生提供更有价值的反馈，激励他们不断进步。

量子推理还可以分析学生的学习路径和思维过程，为教师提供针对性的教学建议。此外，量子推理还可以应用于在线学习平台的评估，通过分析学生的在线学习行为和成绩数据，为教育工作者提供科学的教学决策依据。

每个学生都是独一无二的,他们具有不同的学习背景、学习风格和学习需求。量子推理能够综合考虑学生的知识水平、思维能力、学习态度等多个维度,提供全面且个性化的评估结果。

量子推理在科学教学评估中的应用具有广阔的前景和巨大的潜力。通过引入量子推理这一先进技术,教师可以更加准确、客观和全面地评估学生的学习过程和成果,为教育改革和发展提供有力支持。

总之,量子推理能够推动教学评估向更加个性化、精准化、实时化、动态化的方向发展,为教学评估注入新的活力,引领教学评估进入新纪元。

10.3 产业化发展路径

如今,量子科技与教育领域的融合不断加深,催生了多样化的量子教育培训产业化发展路径,如校企合作、培训推广、开发产品等。下面详细讲解这些路径,展现量子科技在教育领域广阔的发展前景。

10.3.1 校企合作:教育机构加强与技术企业的合作

在当今科技日新月异的时代背景下,作为一项前沿技术,量子科技具有广阔的应用前景,对国家科技实力提升具有举足轻重的作用。因此,如何加速量子科技产业化进程,将其从实验室研究推向实际应用,成为当务之急。

校企合作能够促进量子科技成果的转化和应用。教育机构的科研成果往往

第10章 量子教育培训：推动教育智慧化变革

需要通过技术企业的力量来实现产业化和市场化，技术企业则可以借助教育机构的科研创新能力，开发出更具竞争力的产品和服务。双方的紧密合作可以加速量子科技从实验室走向实际应用的进程。

校企合作还有助于培养具备科技素养的新一代人才。在合作过程中，教育机构可以深入了解企业的实际需求，根据这些需求调整和优化教学内容和方式，确保学生所学能够与实际工作无缝对接。

2023年12月，杭州电子科技大学与国盾量子达成战略合作。为深化在量子保密通信、高可靠性智能电力物联网以及5G电力专网等前沿技术领域的探索，双方决定共建联合实验室。这一举措的目的是加快5G专用网络量子保密通信技术在电力行业中的应用，并展示其在确保电力信息传输安全方面的巨大潜力和重要价值。

实验室的运作将聚焦关键技术研究和开发，旨在形成一系列具有行业引领意义的应用示范，推动电力行业信息化建设和智能化升级。通过双方的紧密合作，实验室将在促进量子通信技术商业化进程中发挥重要作用，并为电力系统的安全运行提供强有力的技术支撑。

校企合作具有多重优势。首先，双方可以共享资源，实现优势互补。教育机构可以为技术企业提供人力资源、专业知识，而技术企业可以为教育机构提供实践平台和实践经验。

其次，通过合作，教育机构可以及时了解产业需求，调整人才培养方案，使人才更好地适应产业发展。

最后，校企合作有助于形成产学研一体化的创新生态，推动量子科技产业化发展。这种创新生态将教育、科研和产业有机地结合在一起，为量子科技产

业化发展提供强大动力。在这个过程中,教育机构不仅可以为产业输送高素质人才,还可以在科研攻关、技术研发等方面发挥关键作用。

总之,校企合作在推动量子科技产业化进程中具有不可替代的作用。只有校企双方紧密合作、共同努力,才能使量子科技真正走出实验室,为我国经济社会发展作出更大的贡献。

10.3.2 培训推广:教育机构加强技术培训,提升认知

量子科技产业化发展需要教育培训的大力支持。只有加强技术培训,全面提升广大师生及科技工作者对量子科技的深入理解和实际应用能力,才能为量子科技产业化发展奠定坚实基础。量子科技产业化需要大量的专业人才,而目前相关领域的专业人才供不应求。因此,加强教育培训工作,提升全社会对量子科技的认知,成为推动量子科技产业化发展的关键。

量子科技产业化需要的专业人才包括理论物理学家、量子计算工程师、量子通信专家等。通过教育培训,可以系统地培养这些专业人才,满足量子科技产业化发展的人才需求。此外,教育培训还可以提升现有从业人员的专业技能和素质,推动量子科技产业持续发展和创新。

教育机构应加大对量子科技教育培训的投入,设立相关课程和研究机构,培养具备创新能力、实践能力和国际竞争力的专业人才。同时,教育机构要积极与高校、科研院所、企业合作,开展产学研一体化教育,让学生在实践中掌握量子科技核心知识。

针对现有科技工作者,教育机构可以开设一系列有针对性的在职培训课

程，提高他们的量子科技理论水平和实际应用能力。此外，教育机构可以助力企业设立内部培训体系，培养具备量子科技知识的企业家和管理人才。

为了加强量子科技教育培训工作，教育机构需要建立完善的量子科技教育培训体系，包括制订详细的教育培训计划、开设相关的课程和培训项目、建设专业的师资队伍等。同时，教育机构还需要加强与高校、科研机构等单位的合作，共同推动量子科技教育培训事业发展。

除了培养专业人才外，还需要提高公众对量子科技的了解和认知。作为一门前沿科学，量子科技的理论和应用技术都相对复杂，普通民众对其了解有限。对此，教育机构可以开展教育培训活动，通过举办科普讲座、开设在线课程、编写科普书籍、媒体平台发布相关视频等形式，向公众普及量子科技的基本知识和应用前景，帮助公众对量子科技建立基本认知。这有助于激发公众对量子科技的兴趣和热情，为量子科技产业化发展营造良好的社会氛围。

教育培训在量子科技产业化发展中发挥着重要的基石作用。通过提升公众科学素养、培养专业人才等方式，教育机构可以为量子科技产业化发展提供有力的人才保障和智力支持，推动量子科技产业化进程，为经济社会发展创造新的动力。

10.3.3　开发产品：推出量子科技教育产品

教育产品是将量子科技的基础知识、前沿动态、技术应用等内容呈现给广大受众的载体，在传播量子科技知识方面发挥着重要作用。在当前科技高速发展的时代，作为一门新兴的交叉学科，量子科技正逐渐改变我们的生活。

为了让更多的人了解和掌握量子科技知识，教育机构、科技企业、研究机构等可以推出量子科技教育产品。量子科技教育产品有很多种类，如图10-2所示。

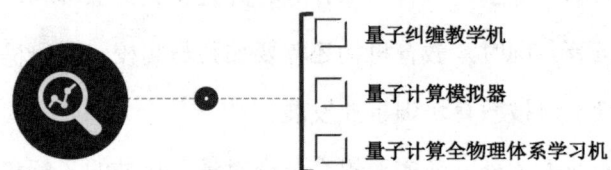

图 10-2　量子科技教育产品的种类

1. 量子纠缠教学机

量子纠缠教学机能够以直观生动的方式呈现量子纠缠这一神秘现象。通过先进的技术手段和可视化展示，学生可以清晰地看到两个或多个粒子之间奇妙的关联。这种直观的体验极大地增强了他们对量子纠缠概念的理解，不再仅仅停留在抽象的理论层面。

虚拟仿真实验涵盖从纠缠光路构建到特性测量的全过程，不仅维持了完整的知识架构，还简化了实际系统搭建的复杂性，让学生在进行实体实验前能够全面理解搭建的步骤。而在实体实验环节，量子纠缠教学机根据难易程度设计了阶梯式的实验项目，使学生能够循序渐进地掌握器件特性、空间光路的准直耦合以及纠缠特性测量的实验技能。此外，实验数据能够实时展示在教学机的屏幕上，学生只需在上位机软件中按照实验项目进行操作，就能便捷地记录和分析数据，进而得出实验结果和分析图表。

2. 量子计算模拟器

量子计算模拟器能够为学生提供一个近似真实的量子计算环境,让学生在经典计算机上模拟量子比特的操作和量子算法的执行,从而更加直观和深刻地理解量子计算的基本原理和独特算法。这种模拟器通常包括各种量子操作符和量子门,允许用户设计并执行复杂的量子电路,进而分析量子算法(如量子搜索算法、量子加密算法)的性能。

3. 量子计算全物理体系学习机

量子计算全物理体系学习机能够助力量子算法及量子软件的学习、培训、开发、实验和应用。例如,本源量子推出了一款量子计算全物理体系学习机。作为全球首款双语版量子计算学习系统,该学习机提供超导体、半导体和离子阱三大主流量子计算物理体系的虚拟实验室,面向全球用户开放。

该学习机集成了国内领先的量子语言 QRunes 和量子计算编程框架 QPanda,支持全振幅量子虚拟机、单振幅量子虚拟机、部分振幅量子虚拟机以及含噪声量子虚拟机的计算,展现了本源量子在量子计算领域的深厚积累和技术实力。

人工智能、虚拟现实等技术可以极大地提高教育产品的互动性和趣味性。通过这些高科技手段,教育产品能够实现个性化推荐、智能辅导等功能,使得学习过程更加轻松、愉快。同时,现代科技还能打破地域和时间的限制,让学习变得更加灵活和便捷。

教育产品在传播量子科技知识方面具有重要作用。只有全面涵盖量子科技的基础知识、前沿动态、技术应用等多个方面,才能满足不同层次人群的需求,让更多的人了解和掌握量子科技知识。为此,教育产品的形式也应当多样化并

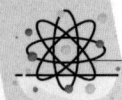

不断创新，以适应时代发展的要求。

10.3.4　量旋科技：助力学校打造量子课程体系

2024 年初，量旋科技与桂林市首附实验中学合作，以理论与实操相结合的方式，对即将走进高中量子计算课堂的老师进行为期一周的培训。

在量子教育培训方面，量旋科技基于自身丰富的理论知识与强大的技术能力，打造了一套量子计算教育一体化解决方案，而师资培训是这个方案的重要一环。量旋科技希望通过培训的方式帮助老师掌握量子计算理论知识与实操技能，使老师具备量子计算课程教学能力，进而助力量子计算人才培育。

在师资培训方面，量旋科技打造了系统化的培训方案。行业专家作为授课讲师，为老师讲解量子计算课程的教学目标、课程体系等，让老师对课程有整体的认知。同时，讲师还会分模块地对老师进行培训，讲解量子计算相关知识、组织开展讨论、对老师的演练进行指导等，让老师深入理解不同模块的内容。此外，为了强化老师的实践教学能力，培训还安排了量子计算机的真机实操环节，帮助老师更好地将理论与实操相结合。

当前，针对量子计算的教案资源较少，适配高中阶段教学特点的教学资源更加稀缺。对此，量旋科技打造了适配高中阶段学习特点的课程和配套教案。课程内容涉及量子计算基本原理、量子比特、量子计算机、量子算法等基础知识以及 Shor 算法等延伸知识，丰富而全面，便于学生由浅入深地理解量子计算。在授课时，老师可以直接使用这些课程，无须自己设计课程内容。

量子计算是一个相对抽象的知识领域，因此在授课时，老师需要借助实践和实验加深学生对量子计算的理解,以便学生更好地掌握相关知识。为此,量旋科技为学校提供桌面型核磁量子计算机,并打造了量子计算机实验室,为学校开设量子计算相关课程奠定了基础。

不同于大型量子计算机,桌面型核磁量子计算机采用小型一体化设计,将量子计算功能集成在机身内。通过该量子计算机,学生能够进行量子计算的交互演示,通过实践加深对量子计算的理解,提升对量子计算的兴趣。

人才是促进量子计算发展的重要力量。未来,量旋科技将为更多学校提供量子计算教学资源,帮助学校打造量子计算教学体系,助力学校培养优秀人才。

第 11 章
未来展望：技术发展推进商业化落地

量子科技是国家、企业布局的重要阵地，在不断发展中逐渐成为科技角逐的高地。随着量子科技不断发展，领域内的关键技术将被逐个攻破，量子科技商业化落地步伐也将进一步加快。量子科技与其他技术的结合已经成为趋势，量子科技的应用范围不断扩大，商业化曙光已现。

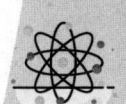

11.1 量子科技与先进技术的融合加速

随着量子科技的发展，与其相关的交叉科学成果不断涌现，量子科技已经成为驱动创新的重要力量。当前，量子科技与人工智能、云计算、物联网等技术的融合加速，带来了新的技术突破。

11.1.1 量子机器学习展现潜力

量子科技与人工智能的结合成为业界关注的焦点。其中，量子机器学习这一新兴领域展现巨大潜力，有望实现突破。量子机器学习指的是利用量子计算机、量子算法等进行学习，融合了量子计算、机器学习的优势，能够解决以往难以解决的计算问题。

量子机器学习的原理主要有以下三个。

（1）量子数据编码。量子数据编码能够将经典数据编码为量子态，以利用量子态的叠加、纠缠等特性提高机器学习的效率和准确性。

（2）量子态制备。量子态制备指的是将量子比特置于量子态中的过程，通过操作、控制量子比特，研究人员能够实现不同量子态间的转换，进而实现机器学习的各种算法。

（3）量子算法设计。量子算法设计是解决实际问题的基础。量子算法能够在量子计算机上进行优化计算，实现机器学习。

量子机器学习的应用场景十分广泛，如图 11-1 所示。

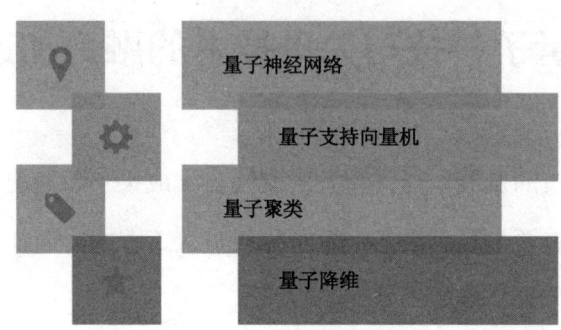

图 11-1　量子机器学习的应用场景

1. 量子神经网络

量子神经网络是一种新型的神经网络。其以量子比特为信息的基本单位，通过量子门操作、量子态叠加等进行计算，能够处理复杂的非线性问题。例如，在量子化学领域，研究人员可以通过量子神经网络对分子结构进行建模与预测，为药物研发、材料设计提速。量子神经网络在图像识别、语音识别等领域也有广阔的应用前景。

2. 量子支持向量机

量子支持向量机能够快速处理高维度、非线性的数据集，高效、准确地对其进行分类，能够应用于图像处理、金融预测等领域。例如，本源量子研发的量子支持向量机能够应用于股票振幅预测、多因子选股模型等金融场景中。相较于经典支持向量机，量子支持向量机能够实现指数级加速，分类预测效果大幅提升。

第 11 章 未来展望：技术发展推进商业化落地

3. 量子聚类

量子聚类指的是通过量子计算实现聚类分析。在大规模数据处理方面，传统的聚类算法在处理数据时存在一些问题，如计算复杂、对噪声敏感等。而量子聚类能够快速处理大量数据，提高聚类的准确性，满足大规模数据处理的需求，在图像处理、市场分析等方面具有巨大的应用潜力。

4. 量子降维

量子降维指的是基于量子计算实现数据降维分析。数据降维指的是将高维度数据转化为低维度数据，在保留数据主要特征的同时去除数据的噪声和冗余信息，目的是降低数据的复杂度，提高计算效率。

一方面，量子降维基于强大的特征提取能力，能够快速提取数据特征，为数据降维提供支持；另一方面，基于量子算法，量子降维能够解决数据降维中的优化问题，实现高质量的数据降维。量子降维在数据挖掘、自然语言处理等领域具有广阔的应用前景。

目前，量子机器学习在全球范围内得到了广泛的研究。谷歌、IBM 等科技巨头以及一些研究机构都积极探索这一领域，并取得了一些成果。例如，谷歌在量子计算机上实现了对线性方程组的快速求解；德国电子同步加速器研究所粒子物理实验室通过量子机器学习识别出数据中的隐藏模式。

随着量子科技的进步以及与人工智能的融合更加深入，量子机器学习的潜力将被进一步挖掘，实现更广泛的应用。当前，量子机器学习呈现以下发展趋势。

（1）算法优化与升级。随着量子机器学习的理论知识不断发展和完善，量子机器学习算法将会更高效、更复杂，实现优化升级，能够解决更多复杂问题。

（2）硬件与软件改进。为了提高量子机器学习的效率和稳定性，推进量子机器学习得到广泛应用，未来将会出现更先进的量子机器学习硬件和软件。

（3）应用场景拓展。量子机器学习的应用场景将不断拓展，将渗透生物、化学、金融、交通等更多领域。

综上所述，作为人工智能与量子计算结合的产物，量子机器学习将在算法、软硬件、应用场景等方面实现创新发展，在更多领域发挥更大作用。

11.1.2 "量子+云计算"应用走向开放

将量子计算和传统云服务平台结合，通过量子云计算的方式输出量子计算能力，是推动量子云计算发展的关键。当前，量子云计算的技术架构逐渐成型，为其广泛应用奠定了基础。量子云计算技术架构如图11-2所示。

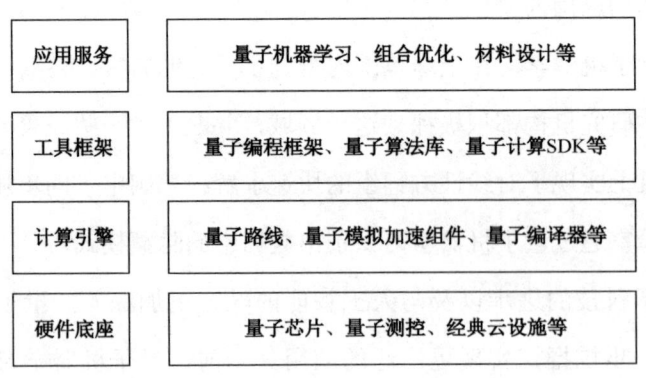

图 11-2　量子云计算技术架构

在以上技术架构中，硬件底座层是量子计算云平台的基座，包括量子芯片、

第 11 章 未来展望：技术发展推进商业化落地

量子测控、经典云设施等，为量子计算云平台提供强大算力。计算引擎层能够实现多种量子计算功能，如量子线路、量子模拟加速组件、量子编译器等。工具框架层提供封装后的量子计算功能，如量子编程框架、量子算法库、量子计算 SDK（Software Development Kit，软件开发工具包）等。应用服务层提供更加具体和便捷的量子软件服务，如量子机器学习、组合优化、材料设计等方面的软件。

当前，量子科技与云计算的结合已经成为趋势，催生了多样的量子计算云平台和量子计算云服务，并逐渐走向开放。

2024 年 4 月，国家超算互联网平台正式上线。该平台将众多超算中心连接起来，打造一体化的超算算力服务平台。当前，该平台已经连接了超过 200 家数据、应用服务商，服务涉及量子科技、人工智能模型训练、工业仿真等领域。

Quafu 量子计算云平台已经入驻国家超算互联网平台，为用户体验强大量子计算能力提供了窗口。该平台上线了 3 个不同的超导量子芯片，用户可以根据自己的需求进行选择。随着国家超算互联网平台的持续发展，量子计算的潜力将被进一步激发。

同样在 2024 年 4 月，在 2024 中关村论坛年会开幕式上，Quafu 量子计算云平台的研发机构北京量子信息科学研究院、中科院物理研究所、清华大学，联合发布了"大规模量子云算力集群"。该集群是 Quafu 量子计算云平台的升级版，包括 5 个百比特规模的超导量子芯片，在可用量子比特数量、保真度等方面实现了提升。

在硬件上，该集群采用可调耦合架构，结合芯片加工工艺改进，工艺稳定性与一致性实现了提升。测控线路及相关设备也实现了改进，提升了测控系统

197

的集成度与可靠性。在软件上,该集群实现了量子编译优化器的迭代,开发了更便利的用户交互系统。在应用上,该集群面向全球用户开放。

无论是国家超算互联网平台的出现,还是大规模量子云算力集群的升级,都体现了量子云计算服务开放的趋势。这能够让更多企业、更多用户参与到量子云计算的探索、应用中来,加速量子计算在各场景的落地应用,完善量子计算生态体系。

11.1.3 融合物联网,提升物联网性能

当前,物联网已经应用到智能家居、工业自动化等领域。在智能家居方面,智能家居设备能够基于物联网实现互联,进而实现远程控制和自动化操作。例如,智能音箱能够控制家电的运行、智能门锁能够实现远程开门等。这些智能功能极大地提升了家居生活的舒适度。

在工业自动化方面,物联网能够帮助企业打造更加高效的生产流程。通过网络将工业设备和传感器连接起来,企业能够实时监控生产过程,进而提高生产效率和质量,降低生产成本。

总之,物联网能够连接多种终端,实现数据传输,形成智能、灵活的系统。而量子科技与物联网的融合,能够从多方面提升物联网性能,如图 11-3 所示。

1. 提供数据处理支持

物联网依赖传统的计算机技术实现。传统计算机技术难以解决复杂的计算问题,难以满足大规模数据处理的需求。而量子计算具有强大的并行计算能力和多样的量子算法,能够快速处理以上问题。随着物联网系统扩大、数据采集

量不断增多，量子计算将发挥出更大优势，为物联网数据处理提供强大助力。

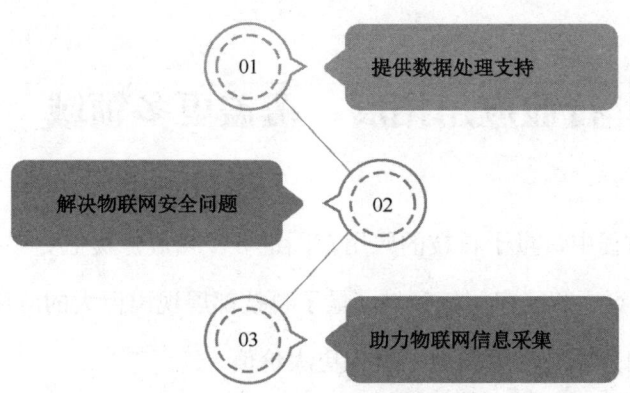

图 11-3　量子科技提升物联网性能

2. 解决物联网安全问题

物联网中的设备、传感器之间的通信存在数据泄露、数据破坏等问题。而量子通信基于量子纠缠的特性，能够实现信息安全传输。这能够确保物联网中的设备和传感器之间的通信不会被窃听和干扰，保护数据的安全性和隐私性。

3. 助力物联网信息采集

物联网通过传感器采集、监测环境中的各种信息。但传统的传感技术在灵敏度和精确度上存在一定的缺陷，量子传感基于量子态的特性，在检测微小变化、测量极小量等方面具有更高的灵敏度和精确度。这能够使物联网中的数据采集和监测更加准确，为决策提供更加精准的数据支持。

总之，量子科技与物联网的结合将进一步推动技术创新，提升物联网的性能，拓展其应用场景。随着量子科技进一步发展和商业化应用的深化，物联网将迈向一个更加智能、安全的新时代。

11.2 行业应用拓展，覆盖更多领域

在发展过程中，量子科技的应用范围进一步拓展，覆盖更多领域。在智能制造、城市交通、智能家居等领域，量子科技都展现出巨大的应用潜力。未来，其将在更多细分领域落地应用，展现更大价值。

11.2.1 量子科技+智能制造：更新生产与服务系统

智能制造是数字技术与制造技术的结合，能够提高生产效率和产品质量，降低能源消耗。量子科技与智能制造结合，催生出更高效、更安全的制造方法，推动智能制造迭代升级。具体而言，量子计算、量子传感、量子通信、量子仿真等技术都能够助力智能制造。

1. 量子计算

基于并行计算能力，量子计算能够在短时间内处理大规模数据，优化制造流程和资源分配。借助量子计算技术，企业能够进行更准确的预测和模拟，进而优化产品设计和生产策略。此外，基于量子态的特性，量子计算能够帮助企业保护隐私数据，提高数据安全性。

2. 量子传感

量子传感能够实现更高精度的测量与控制。在智能制造中,准确测量温度、压力等数据至关重要,关系到产品质量。量子传感不仅能够提供准确的测量结果,而且灵敏度和稳定性更高,可以提高制造过程控制的精度,助力产品质量提升。

3. 量子通信

在智能制造领域,企业需要打造高效、安全、稳定的信息传输系统。一方面,信息传输系统需要将数据实时传递到各个设备,实现设备间的无缝连接;另一方面,信息传输系统需要确保工艺参数、产品设计数据等重要数据的安全,避免数据被泄露。而基于能够实现信息加密的量子通信技术,企业能够搭建起安全、高效的信息传输系统,降低不法分子窃取机密信息的风险。

4. 量子仿真

量子仿真可以模拟量子系统的行为和性能,帮助企业预测和优化制造过程。借助量子仿真,企业能够对产品设计、产品生产流程等进行预测,降低试错成本,优化生产流程。在高性能材料与设备研发中,量子仿真发挥重要作用。

除了以上几个方面外,量子科技还能够优化制造设备。以工业机器人为例,量子科技能够助力工业机器人设计和制造。

一方面,在工业机器人设计与制造中,传统计算模型往往会在计算与优化环节花费大量时间,而量子计算能够提高计算与优化效率。例如,在工业机器人运动规划方面,量子计算能够快速给出最优解,实现精确的运动轨迹规划。这为工业机器人的打造提供更多可能性。

另一方面,在实际应用中,工业机器人需要通过传感器感知周围环境,并将数据实时传递给控制系统,以便控制系统作出决策。量子通信能够为工业机器人提供更安全、更高效的通信方式,防止网络攻击和窃听。在量子通信技术的支持下,数据的安全性得到保障,且数据传输速度更快,工业机器人的实时响应能力大幅提升。

基于量子传感对温度、位移等参数的高精度测量,工业机器人能够实现精准的运动控制,提升自适应能力。此外,具备量子纠缠、量子隧穿效应等特性的量子材料能够应用于工业机器人制造中。例如,量子材料可以用于制造高性能的传感器,提高工业机器人的灵敏度、执行精确度。

总之,量子科技在智能制造中应用潜力巨大,能够帮助制造企业提高智能制造水平。随着量子科技不断发展,其将为智能制造带来更多创新,推动制造业转型升级。

11.2.2 量子科技+城市交通:提升交通治理科学性

在城市交通领域,量子科技的融入为城市交通优化提供了新的可能性。具体而言,量子科技能够在以下几个方面助力城市交通治理,推动城市交通优化,如图11-4所示。

1. 量子通信优化城市交通网络

量子通信能够实现信息安全、快速传输,其与城市交通结合,能够提升交通系统数据传输效率。借助量子通信,城市交通系统能够对交通状况进行实时监控,对交通信号进行优化调度,减少交通拥堵。

第 11 章 未来展望：技术发展推进商业化落地

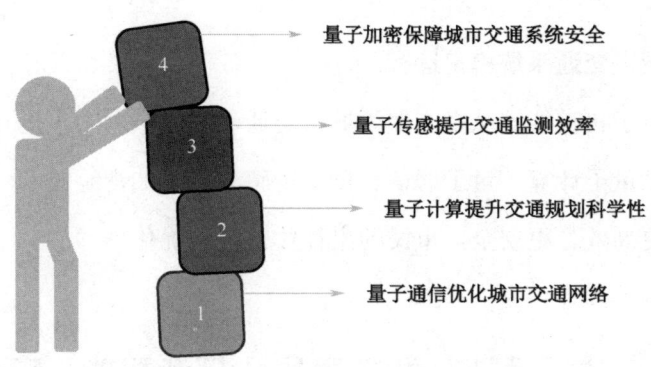

图 11-4 量子科技推动城市交通优化

2. 量子计算提升交通规划科学性

在城市交通规划中，量子计算能够提高交通模型分析和预测的精确性，为城市交通规划提供更准确的决策依据。同时，管理人员也能够通过量子计算对交通模式与策略进行模拟，进而找出最优解，实现交通模式优化。这能够减少交通堵塞、提高道路利用率，为市民出行提供便利。

3. 量子传感提升交通监测效率

在城市交通监测中，交通信息主要基于传感器进行传输，但传统传感器在灵敏度、数据精度等方面存在不足，信息传输速度慢。而高精度、高灵敏度的量子传感能够实现对交通流量、车速等数据的实时监测，助力交通管理部门了解交通状况，及时解决交通拥堵、车道占用等问题。

4. 量子加密保障城市交通系统安全

城市交通系统顺畅运行的前提是安全性得到保障。在这方面，量子加密技术能够为城市交通系统的安全性提供保障，防止系统遭受网络攻击，避免信息泄露，确保城市交通系统稳定运行。

总之，量子科技能够从多方面为城市交通治理提供助力，提升城市交通的智能性。借助量子计算、量子通信、量子传感、量子加密等技术，城市交通系统更智能、更高效、更安全，市民的出行体验得到优化。

11.2.3 量子科技+智能家居：打造智能、安全的系统

在数字化时代，智能家居实现了普遍应用。各种智能家居能够通过智能系统实现互联互通，进而实现远程控制、自动化管理等功能，为用户提供舒适的生活体验。

量子科技在智能家居领域具有广泛的落地场景，展现出很大的应用潜力。具体而言，量子通信、量子传感、量子计算等技术能够助力打造更加智能、安全的智能家居系统。

量子通信能够应用于智能家居系统中。通过量子密钥分发，量子通信能够实现智能家居系统的加密通信，防止设备间的通信遭受网络攻击或信息被窃取，提高智能家居系统的安全性。

通过量子传感，智能家居系统能够实现对居家环境的高精度监控。基于此，智能家居系统能够更加准确地感知温度、湿度、空气质量等指标，并根据监测结果调节恒温恒湿系统，打造舒适的居住环境。

量子计算能够助力智能家居系统实现智能决策。基于强大的计算能力，量子计算能够在短时间内处理大量数据，为智能家居系统的决策和优化提速。例如，根据用户的习惯、用电情况等，量子计算能够优化家庭用电方案，帮助智

第 11 章 未来展望:技术发展推进商业化落地

能家居系统进行科学的能耗管理。

量子科技在智能家居系统中的应用,使得智能家居系统的智能性、安全性大幅提升,为用户带来更加便捷、舒适的生活体验。未来将出现更多前沿的量子科技应用,给智能家居领域带来颠覆性的变革。

11.3 商业化落地进一步推进

随着量子科技领域的研究不断深入,量子科技商业化落地进程加快。在应用方面,已经出现了一系列令人瞩目的成果,如量子芯片。量子科技的商业化落地将进一步推动科技创新和产业升级,也将促进相关产业链完善,为经济增长注入新的动力。

11.3.1 探索加深,量子科技商业应用不断推进

在量子科技商业化落地方面,国内外的不少企业、机构等已经做出了尝试。例如,谷歌与 IBM 推出了量子计算云服务,并提供一系列工具和资源,为企业、科研机构探索、使用量子计算提供支持。其中,谷歌推出的量子计算云服务提供了一个图形化界面,支持用户创建并运行量子计算程序。IBM 的量子计算云服务提供了一个 Python 库,支持用户编写量子计算程序。

再如,美国金融公司摩根大通和量子计算公司 Rigetti Computing 达成合作,二者将联合开发量子计算在金融风险管理、投资组合优化、金融交易等方面的

应用。

除了国外的公司,国内的一些机构也展开了探索。例如,中国科学院量子信息与量子科技创新研究院携手中国科学院深圳先进技术研究院,共同进行"量子计算+药物设计"的应用探索。

在合作中,中国科学院量子信息与量子科技创新研究院提供量子计算技术与资源,中国科学院深圳先进技术研究院提供药物设计方面的经验。基于此,双方共同打造量子计算药物设计应用平台,并针对特定药物设计问题进行研究。

企业与相关机构是量子科技研发、应用落地的主要推动力,它们需要做好以下几个方面。

(1)探索跨界合作。跨界合作能够融合多领域企业和机构的技术优势、资金优势等,加速前沿技术研发。同时,将研究机构的前沿技术与企业的应用场景相结合,能够推动相关量子应用落地。企业和机构需要积极进行量子科技相关的跨界合作,将量子科技与行业相结合,探索新的商业模式和应用。

(2)控制风险。在探索过程中,企业和机构会不可避免地遇到一些风险或挑战。企业和机构需要完善风险控制机制,通过事先评估、事中控制减少风险。同时,企业和机构也需要掌握核心技术研发能力,以降低商业化探索的风险。

(3)保护知识产权。知识产权是商业化探索的重要支撑。企业和机构需要加强知识产权保护工作,及时申请专利或商标,并制定相应的保护策略。

总之,在推进量子科技商业化落地的过程中,企业和机构需要加强合作、稳中求进,既要追求突破又要防范风险,进而实现稳定发展。

第 11 章　未来展望：技术发展推进商业化落地

11.3.2　超导量子芯片发布，商业化进程加速

2024 年 4 月，中国科学院量子信息与量子科技创新研究院向国盾量子交付了一款 504 比特超导量子计算芯片"骁鸿"，用于验证国盾量子自主研发的千比特测控系统。该芯片是我国第一款"500+"比特超导量子计算芯片，刷新了我国超导量子比特数量的纪录。该芯片将通过中电信量子集团旗下的"天衍"量子计算云平台向用户开放。

测控系统、量子计算芯片是量子计算机的关键硬件。二者需要进行交互，以精准生成、传输和处理信号。这极大地影响量子计算机的性能。

验证测控系统的性能需要使用定制化的芯片，在这方面，骁鸿芯片能够为测控系统的验证提供支持，通过集成更多的比特数满足大规模测控系统验证的需求。

在应用方面，中电信量子集团携手国盾量子，共同基于骁鸿芯片研发量子计算整机，将其接入"天衍"量子计算云平台，并面向用户开放。

骁鸿芯片的研发成功与应用路径的明确，标志着量子科技向商业化的方向迈出了坚实的一步。未来，随着研究人员在量子科技领域的不断创新，量子科技的商业化应用前景将更加明朗。

11.3.3　宝马集团：将量子计算融入汽车制造

量子计算能够为汽车制造助力，如通过量子计算进行汽车路线设计与路线

优化，提升汽车自动驾驶的安全性等。当前，一些汽车制造商已经在汽车制造过程中引入量子计算技术，并在二者结合应用方面做出了诸多探索。

例如，宝马集团和法国量子处理器制造商 Pasqal 合作，致力于升级汽车制造工艺。借助 Pasqal 解决微分方程的算法，宝马集团积极探索量子计算在金属成形应用建模方面的适用性。

金属成形应用需要大量的模拟来保证汽车零件的合规性，这能够通过更快的虚拟建模实现。Pasqal 为其中性原子量子处理器开发了一种可以实现数字模拟的量子方法，大幅提高了处理器的效率。对于宝马集团来说，这种快速、准确的计算模拟能够应用于碰撞测试、开发更轻的零部件等场景中，缩短零部件制造周期，进而提升汽车性能。

在此次合作之前，宝马集团与 Pasqal 的合作主要集中在开发用于化学和材料科学的量子计算方法，以优化原子级别电池设计。此次合作扩大了双方的合作范围，实现了宏观和微观层面的材料模拟。

除了 Pasqal 外，宝马集团还与量子计算初创公司 IQM 达成合作，共同开发量子计算应用。二者合作的重点聚焦量子计算在汽车制造、自动驾驶等场景中的应用，例如，将量子计算应用于汽车制造流程优化、汽车零部件性能提升、自动驾驶算法开发等方面。

与 Pasqal、IQM 等量子科技领域企业的合作，为宝马集团探索量子计算在汽车制造中的应用提供了技术支持，强化了宝马集团的技术实力，驱动宝马集团进一步发展。